KB269185

사랑과 성의 진실게임

IDENSHI GA TOKU! AI TO SEI NO "NAZE"
by TAKEUCHI Kumiko

사랑과 성의 진실게임

타케우치 쿠미코 지음 · 남주연 옮김

도서출판
청어람

초판 1쇄 찍은 날 § 2006년 12월 22일
초판 1쇄 펴낸 날 § 2006년 12월 29일

지은이 § 타케우치 쿠미코
옮긴이 § 남주연
펴낸이 § 서경석

편집장 § 오태철
편집 책임 § 정은경
편집 § 강승철

펴낸곳 § 도서출판 청어람
등록번호 § 제1081-1-89호
등록일자 § 1999. 5. 31
어람번호 § 제3-0043호

주소 § (우) 420-011
경기도 부천시 원미구 심곡1동 350-1
남성B/D 3F
전화 § 032-656-4452
팩스 § 032-656-4453
http://www.chungeoram.com
E-mail § eoram99@chollian.net

ISBN 89-251-0344-3 03830

남편의 후광을 등에 업는 것은
까마귀와 인간뿐...

모두에게
바보 취급받던 독신 암컷이
단번에 인생대역전을 해서
서열 1위인 수컷의
아내 자리를 차지하게 될 수도
있다는 말입니다...

목록...

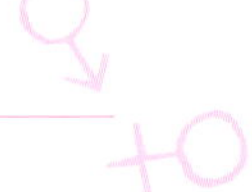

제1장 시작은 남자와 여자에 관한 이야기부터

제2장 혼인형태와 번식전략

제3장 출산과 탄생의 수수께끼

제4장 동물행동학을 배우려면

제5장 마음의 병을 생각한다

제6장 미노 몬타도 모르는 육체의 비밀

감사의 말

　이 책을 쓰게 되면서 많은 분들의 연구논문, 저서 등을 참고했습니다. 본문 중에 이름을 언급하지 못한 분까지 포함해서 이 자리를 빌어 감사드립니다.

　연재 중에는 호우 리오 씨를 필두로 하는 주간문춘 편집부 여러분, 단행본으로 만들 때도 역시 문예춘추 제2 출판국의 와타나베 요조 씨, 마츠이 키요토 부장님, 히라오 무츠히로 국장님을 필두로 하는 많은 분들께 도움을 받고 힘을 빌렸습니다.

　요리후지 분페이 씨의 일러스트는 매회 큰 즐거움이었습니다. 우편으로 오는 주간문춘의 페이지를 열 때마다 가슴이 떨렸습니다. 더구나 단행본의 장정까지 담당해 주셨습니다.

　다른 여러분께도 깊이 감사드릴 따름입니다.

2003년 10월

타케우치 쿠미코

(『주간문춘』 2002년 10월 24일호 ~ 2003년 10월 16일호)

제1장
시작은 남자와 여자에 관한 이야기부터

월드컵에서 일본팀의 활약을 본 이후로 선수들에게 사랑을 느끼게 되었습니다. TV 프로그램에 나오는 것만 봐도 가슴이 두근두근해요.

저는 지금까지 살아오면서 제 자신을 그저 착실하고 평범한 아줌마일 뿐이라고 생각해 왔습니다. 축구선수는 저와는 전혀 딴 세상에 사는 사람이라고요. 하지만 요즘에 와서는 남편과 헤어지고 젊은 선수와 해외에서 새살림을 차리는 상상을 할 때가 가장 행복합니다.

그리고 한 가지 더 궁금한 점은 부지런한 아줌마들 중에 묘하게 베컴팬이 많다는 거예요. 아이의 뻗친 머리를 '베컴 머리'라며 자랑하기도 하더군요.

어째서 이렇게 되는 건지 이치를 알게 되면 저도 다시 좋은 아내로 돌아갈 수 있을까요? (37세, 여자)

바로 그 이론이네요!

제가 지금까지 펴냈던 책에서 몇 번이나 소개했던 영국의

　로빈 베이커(Robin Baker)와 마크 벨리스(Mark Bellis)의 연구 말입니다. 즉, 여자는 남편의 아이를 2~3명 낳았을 무렵부터 갑자기 외도에 눈을 뜨게 됩니다. 그 경우 알리바이를 조작하기 위해서 남편과도 관계를 가지지만 외도상대에겐-물론 무의식적으로-임신할 확률이 훨씬 높은 날을 제공합니다. 그 결과로 생긴 아이는 아무것도 모르는 남편이 부양하게 만들지요. 바로 이 이론을 바탕으로 이루어지는-아직 '이루어진' 것은 아니네요-이야기로군요.

　베이커와 벨리스는 영국 여성을 대상으로 앙케트를 실시하여 4,000명 이상에게서 답변을 받았습니다. 그 질문 항목 중에는 가장 최근에 한 섹스가 배우자와 한 것인지, 외도상대와 한 것인지 묻는 것이 있었습니다. 물론 현재 배우자가 있는 여성에 한해서지요.

　그럼 그 결과를 알아보도록 하죠. 먼저 연령별 외도 확률입니다. 전체에서 외도상대와의 섹스가 차지하는 확률은 다음과 같습니다.

14~20세 미만　　6%

20~25세　　5%

25~30세　　4%

30~40세　　8%

40세 이상　　10%

　여기서 알 수 있는 경향은 젊은 시절에는 어느 정도 분방한 연애를 즐기지만 결혼 연령이 가까워지면서 정숙해진다는 것입니다.

　그러나 한동안은 정숙하게 지내다가 중년 이후엔 젊은 시절을 능가할 정도로 꽤나 바람을 피우게 됩니다.

　이제 여성에게 몇 명의 아이가 있는가 하는 관점에서 보겠습니다. 앞서 말한 경향이 여기서 좀 더 명확해집니다.

아이가 없다　　5%

1명 있다　　3%

2명 있다　　10%

3명 있다　　16%

4명 이상 있다　　31%

만약 '베컴님' 과 바람피우게 된다면…

보시는 바와 같이 아이가 2~3명 있는 단계에서 훌쩍 증가합니다-아이가 4명 이상 있는 여성의 31%라는 확률은 3번에 1번이라는 의미인 것입니다!-.

이처럼 외도의 빈도는 이미 태어난 아이의 수에 따라 달라지는 것입니다.

그러면 왜 2~3명일까요? 그것은 아이가 그보다 적다면 남편에게 들킬 경우에 위험 부담이 크기 때문입니다.

즉 부부 사이에 아직 아이가 없을 경우, 아내는 거의 확실하게 바람피워서 낳은 아이와 함께 쫓겨납니다.

남편의 아이가 이미 2명 있어도 바람피워서 낳은 아이와 함께 쫓겨날지도 모르지요.

그러나 남편의 아이가 2명 혹은 그 이상 있을 경우, 이 마당에 와서는 남편은 친자식들과 사생아까지 함께 부양할 수밖에 없다는 의미입니다. 아내와 사생아를 쫓아낸다고 생각해 보세요. 과연 남자 혼자서 남은 어린애들을 둘씩이나 혹은 그 이상을 키울 수 있을까요?

※ 사소한 베컴 효과

　이런 행동을 저지르거나, 혹은 질문해 주신 분처럼 그 정도까지는 아니라도 이런 상상을 하면서 즐거워하는 사람은 그야말로 보통 여자입니다. 아니, 보통보다도 훨씬 얌전한 여자일지도 모릅니다.

　만일 화려하고 매력적인 여성이라면 이렇게 번거롭고 어느 세월에 실현될지도 모를 장기 전략을 세우지는 않을 겁니다. 그런 여성은 훨씬 대담하고 단기간에 승부를 보는 전략을 모색할 것입니다.

만약 '베컴님' 과 바람피우게 된다면…

　모든 여성들이 이상형의 남자와 결혼할 수 있는 것은 아닙니다. 적당한 선에서 타협해서 적당한 사람과 결혼하지요. 하지만 솔직히 말해서 당연히 멋진 남자가 더 좋지 않겠습니까?

　따라서 여성은 생각합니다. '그럼 어떻게 하지? 유전자만 가질 수 있다면 그럴 수 있어!' 그리하여 장기계획형이나 단기승부형과 같은 여러 가지 방법이 생겨나는 것입니다.

　물론 모든 여성이 이를 실행에 옮기지는 않습니다. 하지만 기회가 있다면 어떨까요?

　다른 조건과 이미 타협을 봤다면?

　남편이 사소한 일은 눈치 못 채는 둔한 남자라면?

　당신이 상상 속에서 만들어낸 연인이 「젊은 운동선수」라는 사실은 실로 의미심장합니다.

　저는 운동을 잘하는 남자가 단순히 운동만 잘하는 데 그치지 않는다는 것을 지금까지 누차 말해왔습니다. 그들은 생존력, 경쟁력이 뛰어난 남자이자 여자들이 그 유전자를 탐내는 남자입니다.

그리고 젊다는 것. 이것 또한 단순히 젊기 때문에 젊음의 매력을 내뿜고 있는 것에 그치지 않습니다.

젊을 때는 누구라도 자신의 모든 매력을 발산합니다. 자신이 가진 유전자적 성질을 남들 앞에 남김없이 드러내지요.

그렇다는 것은 뒤집어 말하면 남자 개개인의 실력 차가 백일하에 드러난다는 뜻도 됩니다.

나이를 먹으면 모두 비슷비슷해지지만 젊을 때는 그 차이가 확실하게 보입니다. 그런 의미에서도 젊은 남자에게 관심을 집중하는 것은 중요한 일입니다.

좋은 아내로 돌아갈 수 있을까 걱정하셨는데 지금도 충분히 좋은 아내가 아닐까요? 당신의 욕망이 상상 단계에서 벗어나지 않는 한은 말입니다.

그리고 베컴 말인데요. 그 사람은 딱히 아줌마가 아니더라도 많은 사람들에게 인기가 있지 않나요? 들자 하니 최근에 숀 코널리-1대 제임스 본드 역-를 제치고 '영국 역사상 최고로 멋진 남자'로 뽑혔다고 하니까요.

　그보다도 제가 베컴에 관해서 의아하다고 느낀 점은 부인인 빅토리아가 금발이 아니라는 점입니다.

　딱히 금발과 금발이 아닌 여성을 차별하려는 것은 아닙니다. 단지 천하의 베컴이, 뭐든지 '일류'가 아니면 만족할 것 같지 않은 그 남자가 어째서 상품 가치가 높은 금발을 선택하지 않았는지 궁금해졌을 뿐이지요.

　그 이유는 며칠 전 미용실에서 잡지를 읽으며 알게 되었습니다. 빅토리아를 만나기 전의 베컴은 금발을 선호했습니다. 사귀던 여자들도 모두 금발이었습니다.

　그런데 처음으로 사귄 금발이 아닌 여자가 베컴의 패션과 라이프스타일 등을 코디네이트 하기 시작했습니다. 그 점에서 그가 여태까지 사귄 다른 어떤 여자와도 달랐지요. 베컴은 원래부터 축구밖에 모르는 남자였기에 패션 같은 것에는 별로 흥미가 없었습니다. 그런 점에서 빅토리아에게 마음이 끌렸다는 얘깁니다.

　뭐, 우리가 별로 신경 쓸 일은 아니지만 말이에요.

일본인도 꽤나 밝히는 민족이었다

 자유연애를 하는 편이 생존력, 경쟁력이 뛰어난 아이가
태어난다는 학설 잘 읽었습니다.

그런데 옛날 일본처럼 대부분의 사람이 부모가 정해준 상대와
결혼하는 문화를 오래 지속해 온 인간계에서는 우수한 아이를 만
든다는 점에서 퇴보하고 있는 것처럼 느껴지는데요. 그 점에 대
해서는 어떻게 보고 계십니까? (41세, 여자)

먼저 밝혀두자면 「자유연애를 하는 편이 생존력, 경쟁
력이 뛰어난 아이가 태어난다」는 저 혼자 멋대로 주장
하는 학설이 아닙니다. 동물행동학 분야의 정설이자 상식입니
다. 자유연애를 하면 생존력, 경쟁력이 뛰어난 아이를 얻을 수
있는 이유는 무엇일까요?

그것은 일단 암컷이 생존력, 경쟁력이 뛰어난 수컷을 자유롭
게 선택할 수 있기 때문입니다. 그리고 암컷이 자신과 찰떡궁
합인 수컷을 고를 수 있기 때문입니다-여기서 궁합이란 유전자

끼리의 궁합. 생존력, 경쟁력을 보다 높일 수 있는 유전자 궁합을 의미합니다. -

따라서 수컷은 암컷에게 구애하기 위해서 사전 경쟁을 합니다. 실제로 암컷이 선택하는 것은 이미 그런 시련 속에서 승리한 경쟁력있는 수컷입니다.

그런데 옛날의 일본처럼 부모가 배우자를 정해주거나 중매쟁이 할머니나 아주머니의 소개로 선을 보게 된다면 어떻게 될까요?

저는 그렇게 불리한 일은 아니라고 생각합니다.

부모가 배우자를 정해준다고 해도 100% 무작위로 고르는 것은 아닙니다.

예를 들어 전부터 부모들끼리 가족 단위로 알고 지냈을 수도 있지요-그럴 경우엔 분명 같은 직종, 사업상의 친분, 비슷한 사회 계층 등 많은 공통점이 있을 것입니다. - 부모는 충분한 정보를 얻고 검토해서 '이 사람이라면 괜찮다. 딸을 줘도 안심할 수 있다' 라고 판단한 다음에 맺어주는 겁니다.

실제로 팔촌혼이나 사촌혼처럼 적당히 가까우면서도 적당히 먼 집안 간의 혼인이 많았으리라고 봅니다. 그런 종류의 번식에서는 특정한 재능이나 유리한 유전자 집합을 유지하면서 자손을 만들 수 있기 때문입니다.

부모들 간의 결정으로 성립되는 커플도 바로 이런 식입니다. 비슷하면서도 약간 다른 경향의 매치로 유전자를 후세에 남기는 것은 물론이고 상당히 유리한 결과를 낳겠지요.

중매쟁이 할머니나 아주머니가 있는 경우에도 마찬가지입니다.

정보 수집의 전문가인 할머니, 아주머니들은 부지런한 사전조사 후에 중매를 마련합니다. 양가의 가정환경이 비슷한지, 사고방식이 비슷한지, 혹은 사회 계층이 비슷한 레벨인지, 서로 마음이 끌릴 확률이 높은 집안끼리 만남을 주선합니다. 그리고서 서로가 마음에 들 것인지, 연애로 발전할 수 있을 것인지 시험해 보는 것입니다.

이런 경우에도 비슷하면서도 조금 다른 커플이 탄생할 것은 분명하지요. 이 또한 상당한 의미가 있습니다.

다만 어떤 경우라도 월등히 멋진 남자, 멋진 여자와 만날 수

 일본인도 꽤나 밝히는 민족이었다

있을지 어떨지는 모르겠군요. 하지만 그때는 '외도'라는 무기로 붙잡을 수도 있습니다.

그리고 애당초 과거에 결혼 상대를 부모가 결정하거나 선을 봤다는 것은 그럭저럭 괜찮은 집안의 이야기겠죠. 평민층에서는 자유연애가 꽤나 이루어지지 않았을까요?

하지만 말은 이렇게 해도, 저는 아무리 좋게 보려고 해도 일본인이 섹시하거나 멋지게 태어나도록 축복받은 민족이라고는 생각할 수 없습니다.

그것은 과거부터 자유연애의 단계를 넘어선 지나치게 문란한 성관계를 맺어오지 않았기 때문이 아닐까요?

문란한 성 관계에서 난자에 수정을 성공시킬 수 있는 것은 치열한 정자 경쟁에서 승리한 우수한 정자의 소유자인 동시에 생존력, 경쟁력이 뛰어난 남자, 그리고 멋진 남자이기도 하다는 것은 이미 여러 기회를 통해 설명했습니다. 멋진 남자, 섹시한 여자는 문란한 성 관계에서 진화하는 것입니다.

다만 한편으로는 이렇게도 말할 수 있습니다.

문란한 성 관계에서는 정자 경쟁력은 약하지만 뭔가 특수한 재능을 가진 남자, 이를테면 이과 계통의 능력이나 기술력이 우수한 남자가 태어나기 힘듭니다. 따라서 노벨상 수상자인 「타나카」는 태어나지 못하는 것입니다.

멋진 외모를 선택할 것인가? 기술력을 선택할 것인가?

결국 일본인은-아무도 의식하지는 않았지만-후자에 역점을 두었습니다. 지나치게 문란한 성 관계를 피하고 더군다나 부모가 배우자를 골라주거나 중매결혼을 하게 되면서 후자 타입인 남성에게도 번식의 길이 활짝 열리게 된 것일까요? 노벨상 3년 연속 수상은 그 결과인지도 모릅니다.

그런데 조금 다른 이야기지만, 저는 평소에도 창부의 세계에 흥미가 이만저만이 아니었습니다. 생각하면 생각할수록 신비한 세계예요.

에도시대의 요시와라* 같은 곳에 오이란花魁이라는 최고급 창부가 있었습니다.

지극히 특별한 존재인 오이란은 드나드는 남자가 마음에 안들

 일본인도 꽤나 밝히는 민족이었다

※ 한 여자를 사랑하는 남자들의 그림

면 얼마든지 거절할 수 있었습니다. 1~2년은 예사로 기다리게 만들 수도 있었지요. 오이란이 상내하는 손님은 부유한 상인이나 무사였는데 어느 정도의 지위나 재력이 없으면 상대하지 않았답니다—그러니까 요즘식으로 말하자면 집 한 채 값을 쏟아부었으면서도 얼굴도 못 본 불쌍한 남자조차 있다는 얘기.—

그렇게 만나보는 동안 '바로 이 사람이다!' 싶은 남자가 나타납니다. 그것은 단순히 돈이 많거나 지위만 높아서는 안 됩니다. 세련되거나 풍류를 즐길 줄 알거나 오이란 본인의 엄격한 심사 기준을 통과한 남자여야 합니다. 물론 오이란 자신에게도 미모뿐만 아니라 상당한 교양과 지성이 요구됩니다. 그런 기준을 통과한 여자가 오이란이 되는 거지요. 오이란은 앞서 말한 남자의 정실까지는 못 되더라도 두 번째 부인이 되기도 합니다.

오이란의 자리까지 올라갈 정도라면 완전히 남자를 선택할 수 있는 위치에 서게 되는 겁니다.

상대하는 손님이 무사나 부유한 상인이 못 되는 오이란의 아래나 아래아래 등급인 창부도 오이란만큼 엄격하게 남자를 선택할 수는 없지만 자신의 등급에 맞게 남자를 고를 수 있습니다.

그렇다면 그런 일이 전혀 불가능해서 오는 남자를 막을 수 없는 가장 하급의 창부는 어떨까요? 그저 관계만 하는 행위에 의미가 있는 걸까요?

놀랍게도 의미가 있습니다.

　그녀들의 행위는 말하자면 극도의 난교. 하루하루가 난교파티와 마찬가지입니다.

　만약 아이가 생겼다면 그 아이의 아버지는 맹렬한 정자 경쟁에서 승리한 가장 강력한 정자의 소유자겠지요. 그 아이가 아들이라면 아버지의 그런 성질을 물려받게 될 것입니다—이것도 딱히 저만의 학설이 아니라 이 분야의 사람이 진지하게 생각한다면 자연히 도달하게 되는 결론입니다.—

　말하자면 창부는 사실 남자를 선택하는 여자. 남자의 유전자를 일반적인 환경에서라면 있을 수 없을 만큼 엄격하게, 혹은 혹독한 환경에 처하게 해서 선택하는 여자라는 것입니다.

「전쟁」의 생물학적 의미에 대해 여쭤보고 싶습니다.

경제적이나 종교적인 해석은 있지만 저는 자신의 유전자를 다른 부족과 수월하게 교환하려는 본능에서 비롯된 것이 아닐까 생각합니다. Gene-mix라고 말할 수도 있겠지요.

전후 승전국 인종과의 혼혈아가 「하프」라고 불리며 인기를 얻는 것도 Gene-mix를 환영하기 때문이 아니겠습니까? (53세, 남자)

굉장히 예리하시군요!

동물행동학 분야에서 전쟁의 목적이 뭐냐고 묻는다면 대답은 「여자」입니다.

'남자가 같은 부족 안의 다른 집단, 다른 부족, 다른 인종, 다른 국가의 여자에게 자신의 아이를 임신시키기 위해서' 가 아마 정설이라고 말할 수 있을 겁니다. 더 정확히 말하자면 남녀를 불문하고 자신과 같은 유전자를 증식시키기 위해서지요. 여성의 경우엔 남성의 혈연 가족을 통해 같은 유전자를 증식시킬 수 있습니다.

세계에서 가장 호전적인 부족이라고 알려져 있는 남미의 야노마모(Yanomamo) 족은 오랜 기간에 걸쳐 그들을 연구하고 있는 나폴레옹 샤뇽이 무엇을 위해 싸우냐고 묻자 언제나 같은 대답을 들려주었습니다.

"그런 바보 같은 질문은 하지 말아줘. 여자, 여자, 여자. 여자가 이유다. 여자를 둘러싸고 싸우는 거다『정신의 기원에 대하여』C. J. 럼즈덴, E. O. 윌슨 저. 마츠모토 료조 역, 사색사, 국내 미출간.–"

야노마모 족은 베네수엘라 남부에서부터 브라질에 걸쳐 살고 있는 부족으로 인구는 약 15,000명입니다. 그들은 40명에서 250명 정도의 집단으로 한 마을을 이루며 요새와 같은 건물에 살고 있습니다. 마을과 마을 사이는 도보로 하루 정도의 거리를 두고 떨어져 있지요. 야노마모 족의 싸움이란 이 마을들 간의 싸움을 말합니다.

먼저 여자가 습격당합니다. 그러면 피해를 당한 마을의 남자

들이 그녀를 되찾기 위해 역습을 합니다. 그렇게 해서 싸움이
시작됩니다.

샤농의 말에 의하면 '유괴당한 여자는 먼저 그녀를 빼앗아온
남자 전원에게 강간당한다고 합니다. 그리고 습격에 참가하길
원했지만 그러지 못했던 남자들이 마을에서 강간합니다. 그 후
에 한 남자가 그녀를 아내로 삼습니다.' -『왜 남자는 폭력을 휘
두르는가?』마이클 P 길리어리 저, 마츠우라 슌호 역, 아사히
신문사, 국내 미출간-

더구나 같은 마을 남자들끼리도 여자를 둘러싸고 결투를 합니
다. 가장 흔한 패턴은 어느 세계에서나 똑같듯이 아내를 빼앗
긴 남자의 복수입니다.

그렇지만 이 결투는 대개 의식화되어 있습니다. 먼저 아내를
빼앗긴 남자가 상대방 남자의 머리를 곤봉으로 한 대 후려칩니
다. 이때 상대방은 저항하지 않고 곤봉을 움켜쥔 채 맞습니다.
그러나 그 다음은 상대방 남자의 차례가 되어 역시 머리를 한
대 후려칩니다. 이렇게 주거니 받거니 하는 동안 양쪽의 얼굴

누가 뭐래도 전쟁의 목적은 '여자'!

이나 목에서 피가 흐릅니다. 그러면 결투는 순식간에 격렬해집니다. 머리 이외의 부분까지 때릴 수 있게 되고 심지어는 쌍방에게 응원군-대개 혈연 가족-이 참가하여 본격적인 싸움이 되는 것입니다.

이러한 싸움은 마을이 분열되는 사태까지 이르기도 합니다. 분열 후에도 당연히 과거의 앙심이 꼬리를 물고 이어져 싸움이 빈발하게 됩니다. 아무튼 싸움이 생기는 곳마다 모두 여자가 관련되어 있는 것입니다. 야노마모 족 남자 3명 중 1명은 이와 같은 싸움에서 목숨을 잃습니다.

종교나 사상, 자원을 둘러싼 권리와 같이 경제에 관련된 전쟁은 언뜻 보기엔 여자가 관계되지 않은 것처럼 보입니다. 그러나 계기가 무엇이든지 언젠가 「여자」가 관계되는 것은 불 보듯 뻔한 일입니다. 「여자」는 「전쟁」과 필연적인 관계인 것입니다.

그뿐만이 아니지요. 과거의 전쟁에서 패배자 측은 대부분의 경우 몰살당했습니다. 정복과 대량 학살도 필연적인 관계인 것입니다. 그러나 아직 아이를 낳을 수 있는 여자, 특히 처녀는 살

려두고 자신의 아이를 낳게끔 했습니다-처녀가 아니라면 이미 아이를 임신 중일지도 모르니까요.-

이것 역시 여자가 관계되어 있습니다. 인간이란 자신과 같은 유전자를 후세에 남기는 것이 목적인 것입니다.

남녀 할 것 없이 유전자가 서로 섞이길 원하는 것이 아니냐고 지적하셨지만 적어도 승전국 남자의 경우에는 섞는다기보다 어떻게든 자신의 유전자를 널리 퍼뜨리고 싶은 것뿐이겠지요.

그리고 패전국 여자의 경우는 아마도 섞이길 원할 것입니다. 자식에게 유전적인 다양성을 물려줄 수 있고 승전국 남자가 남편이나 주변 남자들보다 유전적으로 우수하다면 더 더욱 섞어야 하기 때문입니다.

"여자가 유전자를 섞으려고 한다고? 그것도 승전국 남자와? 그럴 리가 없지. 2차대전 때, 본토에서 결전이 벌어진다면 여자는 적에게 능욕당하느니 죽는 편이 낫다 각오하고 있었다고."

이렇게 말하는 분도 계실 겁니다.

하지만 여자는 생각과 실제 행동이 언제나 일치하지는 않습니

 누가 뭐래도 전쟁의 목적은 '여자'!

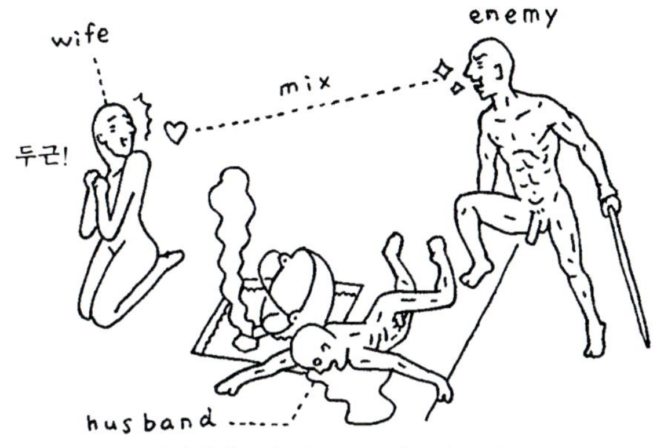

※ 이해관계가 유전적으로 일치한 순간

다. 실제로 전쟁 후 일본에서는 여자가 자결하기는커녕 오히려 적국의 남자에게 매달릴 정도였습니다—종전 직전의 일부의 예는 예외로 하겠습니다.—

그것은 남자를 눈앞에 보자 이 남자의 유전자는 꼭 가져야겠다는 판단이 몸을 움직였기 때문이겠지요. 그때는 단순히 유전적인 다양성을 물려줄 수 있다는 것뿐만 아니라 동시에 생존력, 경쟁력에서 유전적으로 우수하다는 판단도 함께 내린 것이 아닐까요?

화제를 바꿔보죠.

 사냥에 관한 이야기입니다. 동물행동학에서는 최근에 사냥에 대해서도 여러분이 정말인지 의아해할 만한 견해가 등장했습니다-어째서 「사냥」이냐고요? 인류는 초기부터 수렵, 채집 생활을 계속해 왔으며 그 무렵에 현재 우리가 가지고 있는 여러 가지 성질의 기초가 진화했다고 알려져 있답니다.-

질문입니다. 남자는 무엇을 위해 사냥을 하는 걸까요?
 -처자식을 먹여 살리기 위해서.
 이렇게 생각하는 것이 일반적이겠지요. 하지만 그것은 부차적인 문제입니다.
 -커다란 사냥감을 잡아서 굉장한 놈이라 인정받고 남자들 사이에서 입지를 높이기 위해.

 나쁘지 않은 발상입니다. 그럼 다시 한번 묻겠습니다.
 남자는 어째서 사냥을 하는 걸까요?

 누가 뭐래도 전쟁의 목적은 '여자' !

사냥은 힘든 일입니다. 대개는 '커다란 사냥감을 잡아서 멋진 모습을 여자들에게 보여주기 위해서. 그래서 섹스의 기회를 이끌어내기 위해서' 이것이 정답입니다-물론 아내는 해당 사항이 없습니다. 하지만 다른 여자라면 남편이 있는 쪽을 선호합니다.-

설마 그럴 리가 없다고 생각하시겠죠? 하지만 분명한 증거가 있답니다.

단순히 처자식을 먹여 살리기 위해서라면 간단하고 확실하게 잡을 수 있는 작은 사냥감을 노리면 됩니다.

그러나 남자는 굳이 어려운 사냥감을 노립니다. 성과가 전혀 없는 날이 태반이라 아내에게 바가지를 긁히면서도 잡는다면 커다란 사냥감, 다른 가족에게 나눠 줄 수 있어서 체면을 세울 수 있는 사냥감에 도전하는 것입니다-집단으로 사냥한다면 사냥감을 잡은 중심인물, 즉 영웅이 되어 체면을 세울 수 있도록 노력하지요.-

어떻습니까? 이것이 남자라는 동물의 정체입니다. 전쟁도 여

누가 뭐래도 전쟁의 목적은 '여자'!

자 때문이고 사냥도 여자 때문인 것입니다.

 그럼 남자가 사회라는 사냥터에서 출세하기 위해 노력하는 것도 처자식을 위해서가 아니라 다른 여자에게 멋지게 보이기 위해서일까요?!

남자는 털 많은 여자를 싫어해?

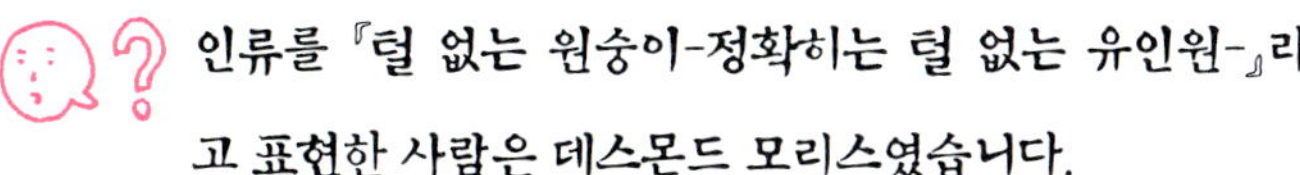

인류를 『털 없는 원숭이-정확히는 털 없는 유인원-』라고 표현한 사람은 데스몬드 모리스였습니다.

그런데 일반적으로 털이란 것은 화석에는 안 남지 않습니까? 그렇다면 인류의 체모는 진화의 어느 단계에서 극도로 적어지거나 아예 사라져 버린 겁니까?

'일반적으로는 인류가 직립해서 초원에서 장거리를 직립보행으로 걸어 다니게 되었을 무렵부터라 설명되고 있다. 한편, 이것은 뭔가에 대한 직접적인 적응이 아니라 네오테니(Neoteny)의 부산물이라고 말하는 사람도 있다. 게다가 나는 믿지 않지만 「수중인류 진화설」 별칭 「아쿠아 설」도 이 점을 설명한다.' (34세, 남자)

일단 원조인 『털 없는 원숭이』의 작가 데스몬드 모리스에게 설명을 부탁하겠습니다. 모리스는 『털 없는 원숭이』에서 인간이 털 없는 원숭이가 된 이유에 대해 다음과 같이 말합니다.

남자는 털 많은 여자를 싫어해?

선사 시대 남자들은 사바나에 진출해서 사냥을 하게 되었습니다. 그때 가장 큰 문제는 사냥감을 쫓아서 달리는 동안 몸이 과열되는 것이었습니다. 사바나에는 언제나 태양이 이글이글 내리쬐고 있기 때문입니다.

남자들은 생각했습니다. 어떻게 할 것인가? 그렇다. 땀샘을 발달시켜서 땀을 흘려 몸의 열을 식히자-실제로 그런 개체가 더 유리하기 때문에 그런 쪽으로 진화가 일어났다는 뜻입니다.- 그런데 몸에 털이 돋아 있으면 땀의 증발을 방해해서 효율적이지 못하다. 어떻게 할 것인가? 그렇다면 아예 몸에서 털을 없애 버리면 좋지 않은가-물론 인간이 의식적으로 그렇게 한 것은 아니지요?-

이렇게 해서 인간은 털이 적어지는 방향으로 진화했다는 것입니다.

모리스 설에 따르면 인간의 털이 적어진 것은 우리의 선조가 사바나에 진출했을 무렵인 수십만 년 전이라는 말이 될 것입니다.

과연! 저도 『털 없는 원숭이』를 처음 읽었을 때는 크게 감탄했

 남자는 털 많은 여자를 싫어해?

었습니다. 하지만 모리스의 가설에는 사실 2가지 커다란 약점이 있습니다.

먼저, 사냥을 하는 것은 전적으로 남자인데 어째서 남자보다 여자 쪽이 털이 적어진 것인가 하는 점.

그리고 털은 반드시 땀의 증발을 방해하지는 않는다는 점입니다.

파타스원숭이라는 원숭이가 있습니다. 사바나에서 기운차게 달리며 시속 55㎞의 속력을 낼 수 있는 영장류계의 가장 빠른 달리기 선수지요. 하지만 그들의 힘센 다리는 사냥을 하기 위해서가 아니라 포식자에게서 도망치기 위해서랍니다. 아무튼 그들은 달릴 때 상당한 땀을 흘립니다. 그것은 몸의 열을 식히는 효과가 있지요. 그럼에도 불구하고 그들의 털은 다른 원숭이와 별로 다르지 않습니다.

뭐, 그렇다는 말입니다.

다음은 아쿠아 설입니다-수서인간설, 수중인류 진화설.-

인간의 선조는 사바나에 진출하기 전에 어떤 특수한 생활을 경험했습니다. 그들은 평온하고 안전한 바다나 호수의 얕은 곳

을 헤엄치거나 무릎까지 물에 담그고서 물고기, 새우, 게 등을
잡아먹으며 생활했습니다. 그때 고래나 돌고래처럼 수중 세계에
진출한 포유류와 똑같이 털이 적고 피하 지방이 두터우며 몸이
유선형이라는 유전적 성질을 획득했습니다.

 아쿠아설에는 섬뜩할 만한 사실이 몇 가지 있어서 상당히 마음
이 흔들렸습니다. 예를 들면 등에 남은 배내털은 헤엄칠 때 생기
는 물결에 일치하도록 돋아났다는 것이지요.

 하지만 증거가 없어도 너무 없습니다. 게다가 인류는 그 이후에
사바나로 나와서 대단히 오랜 세월에 걸쳐서 적응했는데 아직까
지 물에 대한 적응을 간직하고 있을까요?

 그렇다면 네오테니 설을 봅시다—네오테니라는 것은 유충 혹
은 유생의 성질을 가진 채 성체가 되는 것. 유형성숙幼形成熟 또
는 유태성숙幼態成熟이라고도 합니다.—

 어른 유인원과 어른 인간은 겉모습에서 상당한 차이를 보이지
만 유인원의 새끼와 인간의 아기 사이에는 공통점이 많습니다.
입이 튀어나오지 않았고 몸에 비해 머리가 큽니다. 그리고 갓 태

남자는 털 많은 여자를 싫어해?

어난 유인원의 새끼는 털이 적습니다. 인간은 네오테니, 즉 아기의 모습 그대로 어른이 되는 현상에 의해 털이 적어진 것이 아닐까요?

인간에게 네오테니라는 현상이 일어났고 그것이 인간의 진화를 연구할 때 상당히 주목해야 할 점이라는 사실은 의심의 여지가 없습니다. 하지만 인간의 털이 적어진 가장 큰 이유로 네오테니 설을 드는 것은 좀 그렇군요. 그 원인이 네오테니의 일부 혹은 부산물이라는 설명은 조금 약한 것 같습니다. 왜냐하면 처음부터 다음에 설명할 훨씬 강력하고 명확한 가설이 있었기 때문입니다.

제창자는 바로 찰스 다윈이었습니다.

다윈은 『인간의 유래-1871년 발간-』에서 이렇게 말하고 있습니다.

'남자는 털이 많은 여자를 좋아하지 않는다. 그러므로 털이 적은 여자 쪽이 많은 자손을 남기고 털이 적은 성질도 자식에게 유전된다. 그리하여 인간 전체가 털이 적어지게 된 것이다.'

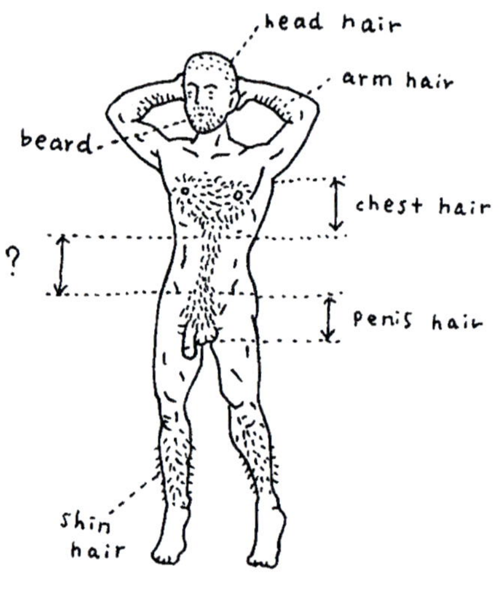

※ 어디부터 어디까지가 음모고 어디까지가 가슴털인가?

명쾌합니다! 『인간의 유래』는 성도태性淘汰-이성을 어떻게 선택하느냐에 따른 도태-에 관한 책이지만 인간의 털이 적어지게 된 이유는 바로 이 성도태로 설명할 수 있습니다. 심지어 다윈은 이 항목에서 태국의 샴 국왕이 어느 털 많은 일가의 딸을 결혼시킬 때 상대방 남자를 돈을 줘서 매수해야 했던 것, 털 많은 성질은 그녀의 아들과 딸에게도 유전되었다는 것까지 언급하고 있습니다.

역시 다윈! 저는 다윈이 마술처럼 풀어내는 실제 사례에 언제나 깜짝 놀란답니다.

그렇지만 다윈은 남자가 왜 털 많은 여자를 싫어하는지, 그 사실에 어떤 생물학적 의미가 있는지까지는 설명하고 있지 않습니다-당시로서는 힘들었겠지요.-

여기서 잘난 척하는 제가 나서서 황송하게도 다윈의 가설을 보강해서 다시 표현해 보도록 하겠습니다.

남자는 털이 많은 여자를 싫어합니다. 그것은 털 많은 여자는 대개 여성 호르몬에 비해 남성 호르몬의 농도가 여자치고는 높기 때문입니다-여자에게도 남성 호르몬이 있는데 부신이나 난소에서 만들어집니다.-

그런 여자는 월경이 없거나 임신하기 힘들지요. 따라서 배우자로 선택해도 좀처럼 자신의 자손을 후세에 남길 수 없기 때문입니다.

　물론 남자는 이러한 원리가 있다는 사실을 전혀 모릅니다. 그저 털 많은 여자를 싫어하는 성질을 가지고 있으면 결과적으로 자손을 쉽게 남길 수 있습니다. 따라서 털 많은 여자를 싫어하는 성질까지 많이 남아 있는 것입니다.

　이렇게 해서 남자가 털 많은 여자를 계속 피해오면서 인간 전체적으로 털이 적어지는 방향으로 진화가 일어난 것입니다.

　또한, 남자가 절구통처럼 허리가 밋밋한 여자를 싫어하는 것도 이와 같은 이치입니다.

　허리가 잘록하지 않고 절구통처럼 밋밋한 여자는 남성 호르몬이 상대적으로 높습니다. 그래서 임신하기 힘듭니다.

　따라서 남자가 허리가 없는 여자를 계속 싫어해 오자 인간 전체적으로도 포유류로서는 터무니없는 형태인 허리가 잘록한 체형(특히 여자)이 탄생하게 된 것입니다.

『뇌 속의 유령-V. S. 라마찬드란 저, 카도카와 서점, 국내 미출간-』에는 저자가 꾸며낸「왜 남성은 금발을 선호하는가?」라는 풍자문을 의학 잡지에 제출했는데 놀랍게도 그 자리에서 당장 수리되었고 많은 동료들도 이 논문의 이상함을 이해하지 못했다는 이야기가 쓰여 있습니다.

제가 이해하고 있는 동물행동학, 진화심리학에서 볼 때 이 논문이 특별히 이상하다는 생각은 안 드는데 어디가 이상한 겁니까?

논문의 요약은 다음과 같습니다.

① 금발이나 밝은 색 피부는 생식 능력이나 자식의 생존 능력을 저하시키는 기생충 감염 또는 노화의 초기 징후를 발견하기 쉽다.

② 금발인의 피부는 멜라닌에 의한 자외선 보호가 없기 때문에 검은 머리보다 피부의 노화나 초기 징후를 발견하기 쉬워서 생식 능력 판정의 기준이 된다.

③ 금발을 가진 사람의 푸른 홍채 쪽이 검은 머리를 가진 사람의의 검은 홍채보다 동공의 확대-이것도 명백한 성적 관심의 징후-

를 뚜렷하게 알 수 있고 또한 정절의 지표가 되는 얼굴의 홍조,
동공의 확대를 알아채기 쉽다. (연령불명, 남자)

훌륭한 정답입니다! 이상한 점은 없는데요?

　　사실대로 말하자면 저도 예전에 남성은 어째서 피부가
하얀 여성을 좋아하는가에 대해 생각한 적이 있습니다. 그때
제가 내린 결론도 '피부가 흰색이면 기생충의 감염 여부를 잘
알 수 있기 때문이 아닐까?' 였습니다.

　피부색이 검다면 기생충이 있는지 없는지 알 수 없지만 피부
색이 희다면 한눈에 알아볼 수 있습니다. 남성의 입장에서는
피부가 하얗고 혈색이 좋으며 동시에 피부가 깨끗한 여성을 선
택하게 됩니다-피부가 희지만 창백하다거나 피부가 지저분하
면 실격.- 그러면 기생충에 감염되지 않은 여성을 문제없이 선
택할 수 있지요. 따라서 그런 타입의 여성에게 매력을 느끼도
록 진화했다고 생각합니다-『작은 악마 등의 웅덩이』 신조문고,
단행본은 1994년 간행.-

 그런데 최근에 「어째서 남자들은 금발을 좋아하나요?」라는 엽서가 와서 곰곰이 생각해 보던 참이었답니다. 바로 그때 이 질문이 날아왔던 겁니다.

 '금발 여성은 모발의 색소가 옅은 만큼 피부의 색소도 옅다. 백인 중에서도 특별히 피부가 하얗다. 따라서 남자는 그녀가 기생충에 걸렸는지 더 더욱 손쉽게 판단할 수 있게 된다.'

 정말 훌륭한 가설이 아닐 수 없습니다. 저도 이렇게 생각해 볼 걸 그랬군요!

 더구나 금발 여성은 자외선 대책이 부족하기 때문에 검버섯과 같은 노화의 징후가 나타나기 쉬울뿐더러 발견하기도 쉽습니다. 그래서 나이를 속이기도 힘들지요. 따라서 남성의 입장에서는 검버섯이 피지 않은 금발 여성을 선택하면 자신의 아이를 잔뜩 낳아줄 수 있는 젊은 여성이 틀림없다는 말씀. 이리하여 남성은 금발 여성에게 매력을 느끼도록 진화한다는 얘기로군요.

 그리고 홍채가 푸른색이면 동공의 확대를 금방 알 수 있어서 심리 상태를 쉽게 알 수 있다고 합니다. 동공은 거짓말을 하면 열리고 뭔가 흥미를 느꼈을 때도 열리니까요. 피부색이 희기 때문에 얼굴의 홍조도 잘 알아볼 수 있습니다. 그래서 남성은 그녀가 정말로 자신에게 마음이 있는지, 혹시 바람을 피우고 있는 건 아닌지 발견하기 쉽다는 것입니다.

과연 그렇군요!

그렇지만 이런 생각이 100% 어림짐작만으로 나올 수 있다고는 생각할 수 없습니다. 저자는 동물행동학, 진화심리학에 상당한 열성을 가지고 공부했음이 분명합니다. 그래서 저는 갑자기 V. S. 라마찬드란이 어떤 사람인지, 책의 내용은 어떤지, 특히 이상하기는커녕 명쾌한 정답인 가설이 어째서 이상한 것으로 등장하는지 알고 싶어졌습니다-라마찬드란이라고 하면 저는 라마찬드란 플롯이라는 단백질 입체 구성 연구법이 먼저 생각납니다만….-

V. S. 라마찬드란은 버젓한 뇌과학자였습니다. 캘리포니아 샌디에이고 대학의 뇌인지센터의 교수 겸 소장, 소크 연구소 교수라는 너무나도 훌륭한 직함을 가지고 있습니다. 1999년에 간

※ 무심하게 던진 가설이 정곡을 찔러 버린 예

행된-원저는 98년 간행- 이 책은 사이언스 라이터 산드라 블레익슬리와 공저로 지은 논픽션입니다.

문제가 된 논문은 사실은 의학 잡지에 투고해서 수리되었습니다(1997년).

그런데 이 라마찬드란이라는 인물은 동물행동학, 진화심리학 분야에 심각한 오해를 가지고 있는 모양입니다.

그는 이 분야의 의론을 자리를 모면하기 위해 되는대로 말하는 공허한 논쟁으로 간주하고 있었습니다. 그런 점을 비웃기 위해서 그 분야의 논리를 이용해 너무나도 그럴듯한 '신사는 어째서 금발을 좋아하는가?' 라는 가설을 일부러 만들어내서 의학잡지에 투고한 것입니다.

그런데 즉석에서 게재가 결정되었습니다-당연하죠! 어쨌든 확실한 정답이니까요.- 같은 분야의 동료들도 '도대체 이 논문의 어디가 이상하다는 거야? 다 맞는 말인데?' 라는 반응을 보였습니다-이것 또한 당연한 일이죠!-.

"에잇! 왜 아무도 이 가설이 한심하다는 걸 몰라주는 거야?!"

어이가 없어진 그는 결국엔 이 가설을 한심하다고 생각한 사람은 이 분야의 다른 논문도 꼭 읽어보라고 독자에게 호소할 정도였습니다- '너무나도 바보스러운 의론들이 판을 치고 있다는 걸 이제 알겠지?' 라는 의미인 걸까요?-

…….

저는 라마찬드란의 가설을 읽고 '이렇게 뛰어난 사람이 있다니!' 하고 감탄했었는데 실망하고 말았습니다. 같은 책의 다른 부분도 아주 날카로웠기 때문에 더 더욱 실망했지요. 어디 실망

뿐입니까? 이건 이 분야 사람들에게 큰 상처를 주는 고전적인 방식일뿐더러 표현도 S. J. 굴드와 똑같습니다.

아무튼!

기생충에 감염되었다면 그 사실이 한눈에 드러나게 되지만 금발 여성은 말없이 '봐, 기생충 같은 건 없잖아' 하고 자랑합니다. 자외선의 폐해를 입기 쉬운데도 '봐, 피부에 검버섯이 없지? 피부암도 걸리지 않았어' 하고 과시하는 것입니다.

이런 식으로 빙빙 돌려 말하는 표현. 일부러 자신에게 위험 부담을 걸고 그래도 자신은 괜찮다며 과시하는 것. 이것이 동물계의 독특한 방법인 모양입니다.

남성이 자신의 면역력이 얼마나 강한지 과시하는 것도 바로 이런 식입니다.

남성의 육체적인 매력과 남성다움은 남성 호르몬의 일종인 테스토스테론에 의해 연출됩니다. 그런데 테스토스테론은 동시에 면역력을 억제하는 곤란한 작용까지 있습니다.

즉, 멋진 남자라는 것은 멋지게 보이게 되지만 면역력을 억제하는 성질을 일부러 대량 분비해서 '보라구. 그래도 병에 걸리지 않았다니까' 하고 자랑하는 것과 같습니다.

마치 자신에게 불을 붙였다가 금방 끄는 행위처럼 위험 속에서 면역력을 과시하고 있는 것입니다.

어째서 그런 무리한 방법을 써야 할까요? 좀 더 편한 방법도 있지 않을까요?

없습니다. 다른 방법이라면 속임수가 가능할지도 모르지만 이 방법으로는 속일 수가 없습니다. 이렇게 해서 처음으로 상대방에게 믿음을 얻는 것입니다.

멋진 남자가 되기는 힘들어요!

금발 여자도 힘들어요!

동물계에서 인기 만점이 되려면 목숨을 건 각오가 필요하답니다.

남자는 덩치 큰 여자를 좋아해?

요즘엔 길거리에서 여자가 남자보다 키가 큰 커플을 볼 수 있습니다. 그런데 인간은 남자가 여자보다 키가 큰 것이 일반적입니다.

애초에 남녀의 체격이 차이가 나는 원인은 무엇입니까?

키 큰 남자와 키 작은 여자가 이성에게 인기가 있어서 선택되는 겁니까?

난생동물은 개구리나 메뚜기처럼 암컷이 더 큰 경우가 많은데 게처럼 반대 경우도 있는 것 같습니다. 포유류는 수컷이 더 큰 것 같은데 암컷이 큰 종도 있습니까? 참고로 저는 저보다 키가 큰 여성이 좋아서 어린 시절부터 개구리나 메뚜기의 교미를 보면 성적으로 흥분합니다. (41세, 남자)

남성이 여성보다 큰 이유. 또는 포유류의 수컷이 암컷보다 큰 이유. 이것은 보통 다음과 같이 설명할 수 있습니다.

암컷은 생산할 수 있는 자식의 수가 한정되어 있습니다. 수컷은 조건만 맞으면 거의 무한대로 자손을 남길 수 있지만 암컷은 아무리 노력해도 후세에 남길 수 있는 자손의 수에 한계가 있습니다. 따라서 암컷이 수컷을 선택하고 수컷은 암컷을 둘러싸고 싸우는 형태가 되었습니다.

싸우는 방법은 여러 가지입니다. 우리와 가까운 예를 들자면, 침팬지는 정자의 양으로 승부합니다. 침팬지 사회는 난혼亂婚적이어서 암컷은 오는 수컷을 막지 않는 방식으로 교미합니다. 그러자 수컷의 입장에서는 얼마나 원기 왕성하고 많은 정자를 만드는가로 경쟁을 하게 됩니다. 침팬지 수컷의 고환을 코카서스 인종의 3배, 몽골 인종의 6배의 무게에 달하도록 발달시킨 것도 그것을 위해서입니다.

한편, 고릴라는 1마리의 수컷이 복수의 암컷을 거느리고 하렘을 만듭니다. 싱글인 수컷은 호시탐탐 암컷을 노리지만 리더인 수컷이 힘으로 암컷을 지킵니다. 그런 까닭에 고릴라는 고환이 발달되지 못하고 몸이 발달되는 결과로 나타났습니다. 고릴라 수컷의 체중은 암컷의 약 2배에 달합니다.

남자는 덩치 큰 여자를 좋아해?

인간 남성은 여성보다 조금 큰 정도이나 그것은 고릴라처럼 여성을 둘러싸고 남성끼리 힘으로 싸운 역사가 적지만 엄연히 존재하기 때문입니다. 게다가 고환의 크기를 놓고 보자면 침팬지만큼은 아니어도 정자의 양에 따른 경쟁이 있었고 지금도 있지요. 침팬지도 수컷 쪽이 조금 크고 힘에 의한 싸움도 있습니다.

인간 남성이 여성에 비해 키가 크다는 것에는 이런 설명도 있을 수 있습니다.

남성이 키 큰 여성을 피한다는 것입니다.

키가 큰 여성은 남성 호르몬 수준이 여자로서는 높을 가능성이 있습니다. 남성 호르몬은 신장을 늘리는 작용을 합니다.

그러면 월경이 없거나 불임과 같은 증세가 있을지도 모릅니다. 남성으로서 그런 여성은 피하는 것이 상책입니다. 그러므로 남성은 키가 큰 여성을 피하게 되었다는 얘깁니다.

반대로 여성은 키가 큰 남자를 선호합니다. 키가 큰 남성은 남성 호르몬 수준이 높고 생식 능력이 높기 때문입니다.

바로 질문하신 분의 말씀처럼 키가 큰 남성과 키가 그다지 크지 않은 여성은 각각 인기를 모으고 있습니다.

이리하여 남성은 더욱 키가 커지고 여성은 그다지 키가 커지지 않게 되어서 남녀의 체격 차가 생겼다는 겁니다.

그러면 질문하신 분과 같이 키 큰 여성을 좋아하는 남성이 존재하는 이유는 무엇일까요?

이것은 사라 블레퍼 흐디라는 여성 연구자의 말입니다만, 키가 큰 여성에게는 이런 이점도 있답니다.

몸이 크기 때문에 출산이 편하답니다.

이처럼 키가 큰 여성에게는 이득을 보는 측면도 있고 손해를 보는 측면도 있습니다. 어느 쪽을 중시하느냐는 남성 본인의 문제입니다. 그것은 남성이 어떤 사람인지, 어떤 타입의 전략가인지에 따라 달라지겠지요-다만 키가 큰 여성을 꺼리는 남성 쪽이 다수파라는 것은 분명할 것입니다.-

저는 이성에 대한 취향이나 「좋아하는 타입」은 결국 이런 거라고 생각합니다. 자신이 가진 유전자와의 궁합이 좋은가 하는 것입니다. 여기서 궁합이란 만일 상대방의 유전자를 취하게 되

※ 얼룩점박이하이에나 암컷이 수컷보다 위풍당당한 이유

면 생존력, 번식력이 뛰어난 아이를 얻을 수 있어 자손을 번영시킬 수 있다는 의미의 궁합을 말합니다.

곤충이나 개구리, 물고기의 세계에서 암컷이 큰 경향이 있는 이유는 바로 알을 대량으로 낳기 때문입니다. 그리고 교미 중에 암컷이 수컷을 몸에 얹은 채로 포식자에게서 달아나기 위해서는 수컷이 작은 편이 좋기 때문이겠지요.

그리고 포유류 중에서 암컷 쪽이 큰 예는 웨들바다표범, 흰긴수염고래, 관박쥐 등. 하지만 뭐니 뭐니 해도 압권은 얼룩점박이하이에나입니다.

얼룩점박이하이에나는 사하라 사막 이남 아프리카에 살며 수십 마리의 모계 집단을 형성합니다.

암컷은 수컷보다 몸이 클 뿐만 아니라-평균적으로 암컷이 56kg, 수컷이 49kg-수컷보다 위풍당당하며, 가장 서열이 높은 암컷이 집단의 리더가 됩니다. 그것도 그럴 것이 암컷의 남성 호르몬 수준은 수컷과 다를 바 없을 정도로 높답니다. 그렇다면 암컷은 어떻게 새끼를 낳을 수 있는 걸까요?

더구나 암컷은 태어났을 때부터 이미 「가짜 페니스」와 「가짜 고환」이 발달되어서 오랜 세월 동안 얼룩점박이하이에나를 관찰해 온 연구자조차 겉모습만으로는 진짜인지 구별할 수 없을 정도랍니다.

저는 사진으로 암컷과 수컷의 페니스를 대조해 본 적이 있는데 오히려 암컷의 「페니스」가 수컷보다 훨씬 훌륭했습니다.

 남자는 덩치 큰 여자를 좋아해?

연구자는 어른이 된 그가 취한 성 행동에서 처음으로 암컷이라고 알게 된 적도 많다고 합니다.

그런데 실제로 새끼는 어디를 통해서 태어날까요? 믿고 싶지 않지만 가짜 페니스 속이랍니다-←정말이에요!-

그리고 이것 또한 믿고 싶지 않지만 역시 이것밖에는 없다고 생각하는 것은 교미하는 방법입니다.

수컷은 자신의 진짜 페니스를 암컷의 가짜 페니스 안에 삽입합니다-←이것도 진짜!-

놀라운 이야기는 아직 끝나지 않았습니다.

얼룩점박이하이에나는 땅 밑에 구멍을 파 보금자리를 만들어서 출산하고 새끼를 키웁니다. 시간이 흘러 새끼가 지상으로 얼굴을 내밀었을 때, 그들이 눈앞에 보게 되는 것은 암수 한 마리씩 있는 부부이거나, 그렇지 않으면 수컷 한 마리뿐, 혹은 암컷 한 마리만 있는 풍경입니다-사실, 겉으로 봐서는 성을 판단할 수 없지만 말입니다.-

동성끼리 있거나 세 마리 이상 있는 경우는 거의 없습니다.

그 이유가 뭐라고 생각하십니까?

–얼룩점박이하이에나는 한 번에 두 마리를 낳을 때는 같은 성별을 낳지 않도록 조절한다.
–얼룩점박이하이에나는 같은 성별의 새끼를 두 마리 가지면 한쪽이 사산 혹은 유산이 된다.

비슷합니다!
얼룩점박이하이에나는 대체로 한 번에 두 마리의 새끼를 낳습니다. 그런데 같은 성별의 새끼가 태어났을 경우, 서로 구멍 속에서 격렬하게 싸워서 한쪽이 상대방을 죽여 버립니다. 성별이 다를 때는 그런 싸움이 벌어지지 않고 두 마리 모두 무사히 구멍에서 얼굴을 내민다고 합니다.
전부 놀라운 이야기뿐입니다. 이런 격렬한 경쟁이 암컷의 거대화나 수컷과 비슷해지는 결과를 가져온 걸까요?
그런데 영국의 로빈 베이커와 마크 벨리스는 여러 가지 상황에

남자는 덩치 큰 여자를 좋아해?

서 방출된 남성의 정액을 조사하고 있었습니다. 베이커 & 벨리스 왈, '남성은 상대 여성이 클수록-이 경우엔 풍만하다는 의미-많은 정자를 방출한다.'

남자는 역시 덩치 큰 여자를 좋아하는 걸까요?!

나이가 들수록 인기만점!
로리타 콤플렉스 남자의 진상

제 친구 중에 연상의 여자 이외에는 흥미를 느끼지 못하는 독신남이 있습니다. 젊었을 때는「연상 전문」이나「마더 콤플렉스」라고 놀리기도 했습니다. 그런데 이 친구는 50대 중반을 넘겨도 60~70대 여성을 따라다니며 사귀고 있습니다.

수컷에게는 자신의 DNA를 후세에 남기고 간다는 중대한 임무가 있다고 생각하는데 아이가 없는 그가 임신이 불가능한 여성 이외에는 좋아할 수 없다는 것은 동물행동학적으로 어떤 현상입니까? (연령불명, 남자)

연상 취향이라고 하면 일반적으로 열여덟 소년이 스물여덟 누나를 동경한다든가, 스물다섯 청년이 서른다섯의 유부녀를 짝사랑하거나, 어쨌든 연상이라고 해도 상대방이 아직 생식 가능한 상태에 있습니다. 그런 경우라면 이치에 맞지요.

그러나 50대 중반의 남성이 60~70대 여성을 따라다닌다…….

이상하네요. 뭔가 오류가 생긴 건 아닐까요?

 그런데 이 「아줌마 취향」은 인간계에서는 이상하게 보이겠지만 사실 침팬지 세계에서는 당연한 일이랍니다.

 침팬지는 복수의 수컷과 복수의 암컷, 그리고 새끼들로 이루어진 수십 마리에서 백 마리 정도의 집단으로 생활합니다.

 혼인 형태는 난교적으로 암컷은 발정하면 오는 수컷 안 막겠다는 정신으로 교미하지요.

 발정 주기는 약 35일. 그 사이의 10일간이 발정 기간으로 엉덩이의 성피性皮가 날이 갈수록 붉어지고 커다랗게 부어오릅니다. 마지막 날에는 절정에 달해서 풍선처럼 팽팽하게 부풀어 오릅니다. 그와 동시에 배란이 시작되면 성피는 눈 깜짝할 사이에 가라앉아 버립니다.

 그런데 암컷은 일단 출산하면 새끼에게 수유를 4년쯤 계속합니다. 새끼에게 빈번하게 젖을 물리는 때만큼은 발정도 배란도 일어나지 않는 것이 포유류의 원칙이지요. 따라서 그동안은 발정하지 않습니다─새끼에게 수유를 하기 때문에 배란이 일어나지

않는데도 발정하는 인간은 포유류로서 예외적입니다.-

그렇기 때문에 집단 안에 있는 암컷들 중에 발정 주기를 되풀이하고 있는 것은 기껏해야 몇 마리뿐. 그것도 각각 주기가 다릅니다. 따라서 언제 어디서라도 수컷을 받아들일 상태에 있는 암컷은 겨우 한두 마리 정도라는 말입니다.

그 한두 마리에게 집단 전체의 수컷이 달려들어 구애를 합니다. 그 교미 회수의 「기네스북 기록」은 하루에 50회나 됩니다.

이것은 침팬지 연구로 유명한 제인 구달이 탄자니아의 곰베 국립공원에서 관찰한 것으로서 플로라는 이름의 암컷이 추정 나이 30대 중반-인간 나이로 말하자면 약 50세-에 세운 기록입니다.

플로는 원래부터 수컷들에게 인기있는 암컷이었습니다. 침팬지계에서는 나이 든 암컷일수록 인기가 있다는 원칙이 있습니다. 그래서 이렇게 늙은 나이에 기록을 수립하게 된 것입니다.

하지만 어째서 침팬지들 사이에서는 나이 든 암컷일수록 인기가 있는 걸까요?

그것은 일단 그들은 우리와는 달리 암컷에게 폐경이 없어서 아

 나이가 들수록 인기만점! 로리타 콤플렉스 남자의 진상

주 늙은 몸이 아닌 이상 발정 주기를 반복하기 때문입니다. 아줌마에게도 번식 능력이 있기 때문이지요.

더군다나 나이가 많은 암컷은 육아의 베테랑입니다. 따라서 자신의 새끼를 낳았을 때 새끼가 무사히 자랄 가능성이 높습니다.

침팬지 수컷이 나이 든 암컷을 선호하는 것은 분명한 이유가 있는 것입니다.

우리는 자신들이 여성에게 무턱대고 젊음을 강요하고 있고, 그럴 수밖에 없기 때문에 아줌마 취향을 이상하게 생각하는 것입니다.

그런 관점에서 생각해 볼 때, 그 친구 분이 아줌마를 좋아하는 이유는 어쩌면…「격세유전隔世遺傳」일까요?

인간과 침팬지는 대단히 가까운 존재입니다. 그것은 여러분도 잘 알고 계실 겁니다. 해석의 방법에 따라 다르지만 우리와 그들의 유전자 염기배열은 99%가 일치합니다. 차이는 겨우 1%뿐입니다.

이런 점에서도 알 수 있듯이 침팬지 세계에서는 그렇지만 인

※ 원조 로리콘

간 세계에서는 그렇지 않은 유전적 성질에 관해서도 인간이 그 유전자를 잃어버리고 새롭고 독자적인 유전적 성질을 획득한 것이 아닙니다. 전과 다름없이 침팬지의 유전자를 가지고 있으면서도 그것을 억제하며 독자적인 유전적 성질을 발휘시키고 있는 것입니다.

그런데 때때로 억제되어야 할 성질이 억제되지 못할 때가 있습니다. 이것이 「격세유전」입니다.

아, 그렇다고 친구 분이 침팬지라는 말은 아니에요. 오해하지 마시길.

흔히 말하는 「로리타 콤플렉스-약칭 로리콘-」라는 사람들은 도대체 뭐 하는 사람들이지요? 저는 그 사람들이 굉장히 쓸데없는 일을 하고 있다는 생각이 들어요. 왜냐하면 「자손번영」을 위한 행위를 하기까지 몇 년이나 기다려야 하잖아요?

그런데 남자 쪽도 동시에 나이를 먹으니까 어쩌면 그때가 와도

불(가)능 상태가 되어버릴 지도 모르잖아요! 그런데 도대체 이유가 뭐죠?

그리고 「로리콘」은 인간에게만 있나요? (26세, 여자)

A! 질문해 주신 분의 설명에도 있듯이 로리타 콤플렉스가 있는 남성의 한 가지 유형은 이렇습니다. 그들은 여성이 극히 어릴 때 손에 넣고 다른 남성에게 빼앗기지 않도록 단단히 지킵니다. 그래서 몇 년쯤 지나서 그 여성이 성숙했을 때 아내로 삼습니다.

한편, 성인 여성은 아예 불가능한 로리콘 남성도 있습니다. 그들은 생식 능력이 있는 여성에게는 흥미가 없는 유형입니다.

후자 유형의 남성에게 어떤 의미가 있냐고요? 안타깝게도 모릅니다. 본인이 번식하는 것도 아니고, 그렇다고 그 사람의 로리콘 행위에 의해 혈연 가족의 번식이 유리해지는 것도 아니고……. 아마도 뭔가 오류일 겁니다.

하지만 전자 유형이라면 다소 설명의 여지가 있습니다.

 나이가 들수록 인기만점! 로리타 콤플렉스 남자의 진상

그렇다고는 해도 그런 목적만을 위해서 어린아이를 손에 넣고 감시하면서 몇 년이나 기다린다는 것도 좀……. 로리콘은 정말 이해하기 힘들군요. 하지만 이런 설명이 가능할지도 모르겠습니다. 망토원숭이가 힌트입니다.

망토원숭이는 일부다처의 혼인 형태를 취하고 있습니다. 수컷은 아내로 삼을 암컷을 찾아다니지만 성인 암컷은 대부분 다른 수컷의 아내로 있습니다.

그때 어린 암컷에게 그의 눈길이 갑니다. 그는 그녀의 가족에게 날마다 찾아가서 아버지의 허락을 얻을 때까지 매달립니다. 그렇게 해서 몇 달 후에는 떳떳하게 여자아이를 얻습니다.

망토원숭이 수컷은 이런 방법으로 암컷을 손에 넣는답니다.

로리타 콤플렉스는 망토원숭이의 격세유전인 걸까요?!

인간의 페니스에 뼈가 없는 이유는?

 저는 현재 66세입니다. 성생활은 절망적입니다. 하지만 성욕도 있고 젊은 여자의 육체에도 관심이 있습니다.

그런데 여자는 아무리 나이를 먹어도 신체 구조상 섹스가 가능합니다. 남자는 발기하지 못하면 그걸로 끝장입니다. 여자는 받아들이는 입장이라서 상대방이 젊고 원기 왕성한 남자라면 섹스도 가능합니다. 어째서 신은 남녀의 성을 이렇게 불공평하게 만드셨을까요? 수명의 차이와도 관계있습니까? 다른 포유류는 어떻습니까? (66세, 남자)

일단 모르는 사람은 없을 거라고 생각합니다만 인간 남성의 페니스에는 뼈가 없습니다.

개에게도 고양이에게도, 사자, 쥐, 곰, 여우, 너구리, 수달, 바다표범, 박쥐에게도, 그리고 고릴라, 침팬지, 오랑우탄에게도 뼈ー음경골ー가 있습니다. 하지만 인간에겐 없습니다.

참고로 페니스의 길이와 음경골의 길이는 제가 알고 있는 범위

내에서 적당하게 골라서 대답해 보자면 다음과 같습니다-단위는 cm.-

	팽창시의 페니스	음경골
여우	?	5
너구리	?	5
수달	?	9
담비	?	3.5
코끼리바다표범	40	20
아메리카너구리	?	10
집박쥐	?	1.1
늘보원숭이	?	1.6
침팬지	?	?
고릴라	?	1.2

어째서 인간에겐 음경골이 없는 걸까요? 『사람의 고추엔 어째서 뼈가 없을까?-토쿠마 서점-』 안에서 저자 히로사치야 씨는 농담으로 이렇게 말합니다.

'신은 아담의 갈비뼈에서 이브를 만든 것이 아니다. 만약 그랬다면 남자의 갈비뼈는 여자보다 한 개 적어야 할 것이다. 이브는

인간의 페니스에 뼈가 없는 이유는?

아담의 음경골로 만들어진 것이다. 그래서 남자의 고추에는 뼈
가 없다.'

멋져요! 박수, 짝짝짝!

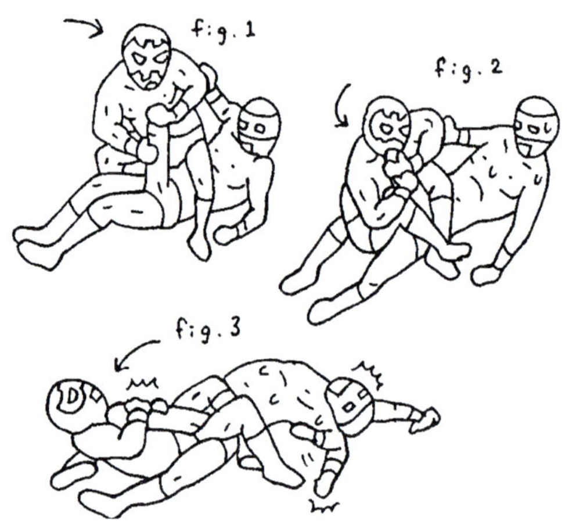

※ 궁극의 관절기(만약에 뼈가 있을 경우)

그리고 진지하게는 이렇게 말합니다.

'고릴라의 음경골은 겨우 1㎝이다. 고릴라보다 더 진화한 인
간에게는 뼈가 아예 없어지게 되었던 것이다.'

확실히 유인원에는 뼈가 소멸화 경향을 보입니다.

하지만 인간의 페니스는 유인원과 비교했을 때 길이를 보나 굵기를 보나 가장 크답니다. 팽창시의 길이는 다음과 같습니다.

페니스의 길이(cm)

고릴라	**3**
오랑우탄	**4**
침팬지	**8**
인간	**13**

인간에 관해서는 이의가 있는 분도, 없는 분도 계시겠지요. 게다가 인종에 따라서도 굉장한 차이가 있습니다. 이것은 한 학자의 조사 결과입니다.

아무튼 인간은 페니스가 가장 발달했습니다. 그럼에도 불구하고 뼈가 없어져 버린 겁니다. 도대체 이유가 뭘까요?

『이기적 유전자』로 유명한 리처드 도킨스는 바로 그 책에서 이러한 이론을 펼치고 있습니다.

'인간 남성은 페니스에 뼈가 없어서 대단히 불편하다. 액체를 대량으로 유입시키는 유압식 펌프와 같은 방법으로 필요한 상태를 만들어내고 더구나 그 상태를 유지하지 않으면 안 된다.

이러한 일은 당뇨병과 같은 질병을 앓고 있으면 곤란하다. 신경 질환이나 불안, 스트레스를 안고 있어도 어렵다-야생 동물의 세계에서 서열이 낮은 수컷은 놓여진 상황에 따라 심리적인 성적 불능 상태가 되는 일도 있다.-'

요약하자면 뼈가 없어도 발기할 수 있는지 여부는 건강 체크이며 남성 사회에서 소외받고 있는지에 대한 체크도 된다는 말입니다.

여성은 과거에 뼈가 거의 없으면서 발기를 잘할 수 있는 남성을 선택했습니다. 그러한 핸디캡에도 불구하고 제대로 임무를 완수할 수 있고 건강하며 다른 남자의 밑에 서지 않는 남자를 선택해 왔습니다. 그러는 동안 결국 뼈가 완전히 없어진 것입니다.

예를 들어 인간이 고릴라처럼 팽창시 페니스의 1/3 길이의 뼈를 가지고 있다고 생각해 봅시다.

13㎝의 1/3이면 약 4㎝.

이거야 누워서 떡 먹기가 아닙니까!

하지만 여성은 그렇게 호락호락하지는 않았습니다. 혹독하기
짝이 없는 핸디캡을 준 것입니다.

신은 아담의 페니스 뼈에서 이브를 만드셨습니다.

남자의 불행은 거기서부터 시작된 걸까요?!

? 포유류의 성기는 어째서 사타구니에 있는 걸까요? 사타구니가 아니면 안 되는 필연성이라도 있는 건가요? 또, 사타구니 이외의 부위에 성기를 가진 포유류가 있나요? (37세, 여자)

A ! '포유류의 성기'가 아니라 '포유류의 대변의 출구인 항문이나 소변의 출구인 페니스, 혹은 클리토리스가 어째서 사타구니에 있는가?'라는 질문이라면 당장 대답할 수 있습니다.

사냥감이나 음식을 시각이나 냄새, 혹은 소리를 단서로 찾는다고 한다면 눈, 코, 귀는 몸의 앞쪽인 머리에 붙어 있어야 합니다. 일반적으로 포유류는 다리가 4개니까요. 그러면 당연히 입도 머리에 있어야 될 겁니다. 만약에 입이 전혀 다른 곳에 있다면 사냥감을 놓쳐 버리거나 먹으려고 하는 음식을 못 먹게 될 수도 있겠지요.

그런데 입은 바로 소화관의 입구입니다. 그렇다면 자연히 소화관의 출구는 몸통의 끄트머리, 즉 사타구니에 있다는 것입니다. 그리고 배설물이 다시 입에 들어가지 않기 위해서라도 대변뿐만 아니라 소변의 출구도 입에서 멀리 있어야 하겠지요.

이것이 포유류의 항문과 소변의 출구가 사타구니에 있는 이유입니다.

그런데 여기서부터 중요한 부분입니다.

사실 생식기의 발생은 신장과 깊은 관련이 있습니다.

포유류, 조류, 파충류와 같은 척추동물은 다음과 같은 순서를 거쳐 신장과 요관, 생식기가 만들어졌습니다.

먼저 전신前腎이 나타납니다. 그 뒤에 중신中腎이 생기지만 중신의 출현과 동시에 전신이 사라지고 후신後腎이 생깁니다. 그리고 중신이 사라지고 후신이 공개적으로 신장이 된 것입니다.

요관은 후신의 배설관에서 만들어져 나왔습니다.

그리고 사라졌어야 할 전신과 중신에서 나온 배설관은 완전히 사라지지 않고 한쪽이 사라지고 한쪽이 남았습니다. 그것이 성별에 따라 다릅니다.

전신의 배설관인 뮐러관은 수컷에게서는 사라지고 암컷에게는 남아서 바로 난관과 자궁이 되었습니다. 중신의 배설관인 볼프관은 암컷에게서는 사라지고 수컷에게는 남아서 정관과 정낭이 되었습니다.

이렇게 생식기는 비뇨기와 떼려고 해도 뗄 수 없는 관계입니다. 그래서 당연히 그 위치도 비뇨기와 똑같이 사타구니에 있게 된 겁니다.

따라서 사타구니에 성기가 없는 포유류는 있을 수 없겠지요. 실제로 없다고 말해도 큰 지장은 없을 겁니다. 네, 없다고 말해도 좋습니다!

그건 그렇고 조류나 파충류는 대소변과 정액, 알까지도 같은 출구-총배설강-에서 나온다는 사실을 아십니까? 새의 그 끈적끈적한 배설물은 대변과 소변이 섞인 것이랍니다.

당연히 그들의 교미는 총배설강總排泄腔끼리 맞붙이는 형태로 이루어집니다.

아아, 성기여. 어째서 당신은 그런 곳에…

그런데 야생오리나 기러기, 타조 등의 일부 새들, 그리고 옛도마뱀을 제외한 파충류 수컷에게는 페니스가 있답니다!

페니스라고 해도 사실 그것은 총배설강의 내측 벽에서 볼 수 있는 돌기로서 정자의 이동을 도와주는 단순한 홈과 같은 대리물입니다.

여기서 흥미로운 사실은 페니스는 먼저 정액을 내보내기 위한 기관으로서 출발했다는 점이지요. 소변보다 정액이 먼저랍니다. 소변은 나중에 편승한 것입니다.

오리너구리에 주목해 보면 그 사실을 더욱 확실하게 알 수 있습니다.

오리너구리는 오스트레일리아 동부와 태즈메이니아 섬에 사는 동물로 입 부분이 오리의 부리처럼 평평하고 꼬리는 비버처럼 생겼습니다. 실제로 강이나 호수에서 삽니다.

일단은 포유류로 분류되어서 털에 뒤덮이고 수유를 하는 포유류의 특징을 가지고 있습니다. 하지만 다른 한편으로는 알을 낳고 총배설강이 있어서 새인지 포유류인지 잘 알 수 없는 존재입니다-수유라고 해도 유방이 있는 것이 아니라 젖이 암컷의 복부주름에서 스며 나와서 새끼가 그것을 핥습니다.-

그 오리너구리에게 페니스가 있습니다. 앞서 말했던 것과 같이 총배설강 내부에 돌기 형태로 붙어 있지만 놀랍게도 그것은 홈이 아니라 제대로 봉해진 관이랍니다. 더구나 소변에는 사용되지 않고 오직 정액만 내보냅니다.

오리너구리는 정액이 페니스관 속을 지나간다는 의미에서도 역시 포유류의 범주에 넣어야 할 것입니다.

그렇다면 떠오르는 의문이 있습니다.

포유류는 어째서 소변이 대변과 구분되는 걸까요? 특히 수컷의 경우에는 어째서 소변이 정액과 같은 길인 페니스에서 나오는 진화가 일어난 걸까요? 배설물이라면 배설물답게 항문을 이용하면 좋을 텐데 말입니다.

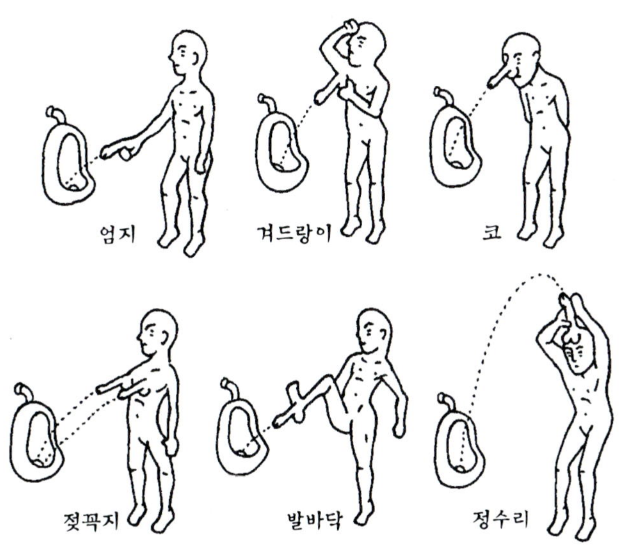

※ 가상: 페니스가 사타구니 이외의 장소에 있다면?

포유류가 다른 종류와는 다른 고유의 특징이 뭔지 생각해 봅시다.

젖을 준다는 것?

-NO! 오리너구리는 젖을 주지만 소변은 총배설강에서 나옵니다.

몸이 털에 덮여 있어서?

-아니죠. 새도 깃털로 덮여 있습니다.

알에서 태어나지 않는 점?

-그것과 소변이 대변과 구분되어 페니스에서 발사되는 것과 도대체 무슨 관계가 있겠습니까?

…….

수컷이 냄새 묻히기에 열심인 점?

딩동댕~!

저는 포유류가 소변이 나오는 통로를 페니스로 바꾼 것은 그 편이 더 멀고 정확하게 소변을 뿌릴 수 있기 때문이라고 생각합니다. 그 편이 냄새 묻히기에 더 적합하기 때문입니다.

개, 고양이는 말할 것도 없고 돼지, 쥐, 코뿔소, 하마……. 냄새 묻히기(마킹)에 의한 영역 주장이나 다른 개체와의 의사소통은 포유류 수컷 최대의 임무입니다.

물론 인간 남성은 냄새 묻히기를 하지 않습니다. 하지만 때때로 발휘되는 그 과거의 습성이 이렇게나 세상에 쓸모있을 수도 있다는 사실을 최근 TV를 보고 알게 되었습니다.

 아아, 성기여. 어째서 당신은 그런 곳에…

독일이었는지 네덜란드였는지 유럽 어딘가에 있는 공항에서 일어난 일입니다. 그 공항의 남성용 소변기 바닥이 너무나도 금방 더러워져서 하루 종일 청소를 해야 했습니다. 청소 비용도 만만치 않았습니다. 그래서 공항 측에서는 어떻게 했을까요?

어떻게든 바닥을 더럽히지 않을 방법을 생각하자고 회의가 열렸습니다.

모두가 말없이 생각했습니다.

화장실 전체를 개량할까?

그건 비용이 너무 많이 들어서 경비 절감이라는 목적에서 볼 때 주객이 전도되는 격이라 안 됩니다.

그때 한 사원이 방 안에서 어떤 물체를 발견했습니다.

이거다!

그의 의견은 남성용 소변기에 어떤 물건을 놓는 것이었습니다.

벗은 여자?

─여자를 겨냥해서 소변을 뿌리다니요…….

전신주?

−좋은 발상입니다.

과녁?

아깝습니다!

정답은 「파리」입니다.

이곳을 노리면 소변이 튀지 않을 만한 곳에 「파리」를 놓는 겁니다.

모두들 변기에 달라붙어 있는 「파리」가 너무나 신경 쓰입니다. 그래서 자기도 모르게 떨어뜨리려고 과녁을 겨냥하게 되는 겁니다. 청소 경비가 격감한 것은 말할 것도 없지요.

* 참고로 이 책의 담당 편집자이신 와타나베 요조 씨에 따르면 문제의 공항은 네덜란드의 스키폴 공항이랍니다. 와타나베 씨는 경유하기 위해서 공항에 3시간 동안 있으면서 화장실을 2번 이용했다고 합니다. 처음엔 파리라고 생각해서 노렸는데 두 번째엔 이상하다는 생각이 들어서 다른 소변기를 보자 역시 파리가 붙어 있었답니다. '뭐야? 원래 그런 거군?'이라고 생각하면서도 또다시 파리를 노리게 되었다더군요. 중앙보다 살짝 왼쪽에 그려져 있는 것이 리얼리티를 더해준다고 합니다.

제가 매력적으로 느끼는 남자들은 대부분 왼손잡이입니다. 남녀를 불문하고 왼손잡이인 사람은 몸짓이 섹시하다고 들었는데 그 이유가 무엇인지요? (41세, 여자)

저도 그렇습니다. 저도 왼손잡이 남성에게 조금도 아니고 상당히 매력을 느낍니다.

섹시함은 물론이고 범상치 않다거나 뭔가 신비로운 부분이 느껴져서 너무너무 마음이 끌린답니다.

그러고 보니 옛날에 『내 남자 친구는 왼손잡이』라는 노래가 유행했었군요. 그 노래의 주제는 한마디로 애인 자랑이었습니다. '내 남자 친구는 왼손잡이, 어때 멋지지? 하지만 넘보지 말아줘.' 대충 이런 내용이었습니다.

어째서 여성은 왼손잡이 남성에게 마음이 끌리는 걸까요?

여기서 기억해야 할 것은 몸의 좌우와 뇌의 좌우는 원칙적으로 반대 관계라는 점입니다.

따라서 왼손잡이 남성―여성도 마찬가지―은 우뇌가 발달했습니다.

발달했다는 사실이 왼손잡이를 통해 반영된 것입니다.

그리고 두 번째로 생각해야 할 것은 우뇌는 남성 호르몬의 일종인 테스토스테론에 의해 발달한다는 점입니다.

요약하자면 왼손잡이 남성은 우뇌가 발달했는데 그것은 테스토스테론 수치가 높기 때문입니다. 그것은 다름 아닌 생식 능력이 높다는 것을 의미하지요.

「내 남자 친구는 왼손잡이」에 감춰진 의미는 '내 남자 친구는 생식 능력이 높아' 인 것입니다.

여성은 왼손잡이 남성에게 매력을 느낍니다. 그래서 생식 능력이 높은 남성을, 적어도 그의 유전자라도 가지려고 한다는 말입니다.

여성이 스포츠를 잘하는 남성, 익살스럽거나 재치있는 농담을 할 줄 아는 남성에게 끌리는 것도 이와 마찬가지로 설명할 수 있습니다.

그러한 능력들은 우뇌의 발달을 반영하고 있습니다. 우뇌는 스포츠에 중요한 공간인식 능력, 음악적 재능, 그리고 농담에 필요한 기발한 발상과 관련되어 있습니다.

따라서 그런 남성에게 끌리는 이유는 그가 테스토스테론 수치가 높고 생식 능력이 높기 때문입니다.

테스토스테론 수치가 높다는 것은 당연히 남자다운 매력과 일치하지요. 그러면 배우 중에 왼손잡이가 많지 않을까요?

『왼손잡이로 가자!-리. W. 루틀리지, 리처드 돈리 저, 마루하시 요시오, 오지마 마나미 역, 호쿠세이도 서점, 국내 미출간-』이라는 책에 나와 있는 방대한 수의 왼손잡이 배우들 중에 영화를 거의 보지 않는 저조차 알고 있는 유명한 이름들을 열거해 보겠습니다.

브루스 윌리스, 라이언 오닐, 키이스 캐러딘, 캐리 그랜트, 대니 케이, 톰 크루즈, 테리 사바라스, 로버트 드 니로, 록 허드슨, 피터 폰다, 스티브 맥퀸, 마이클 랜든, 미키 루크, 로버트 레드포드 등등.

배우 중에는 왼손잡이가 많은 것 같군요.

유럽과 미국인 중에서 왼손잡이는 남성의 약 10%를 차지하고 있습니다. 그렇다면 배우의 경우는 그 비율을 넘을지 궁금해집니다. 하지만 적어도 유명한 사람이 많다는 점에서는 왠지 많은 듯한 인상이 느껴지는군요. 아마 제대로 조사해 봐도 비슷한 결론이 나오지 않을까요? 실은 직업별 테스토스테론 수치를 조사해 봤을 때 배우가 1위였습니다. 참고로 2등은 스포츠 선수, 최하위는 성직자였습니다.

그건 그렇고 톰 크루즈가 문자를 쓸 수는 있는데 읽을 수 없는 난독증이라는 사실을 아십니까?

저는 이 사실을 TV에서 알게 되었을 때 '역시 그렇구나!' 하고 생각했습니다.

테스토스테론은 태아의 우뇌를 발달시키지만 그 수치가 너무 높으면 때때로 폐해를 가져옵니다. 그것이 난독증, 우울증, 말더듬, 자폐증, 편두통 등의 증세입니다.

톰 크루즈는 테스토스테론을 콸콸 분비하며 세계적으로 손꼽히는 멋진 남자가 되었습니다. 하지만 동시에 난독증이라는 핸디캡을 짊어져야 했던 것입니다. 그는 대사를 외울 때 다른 사

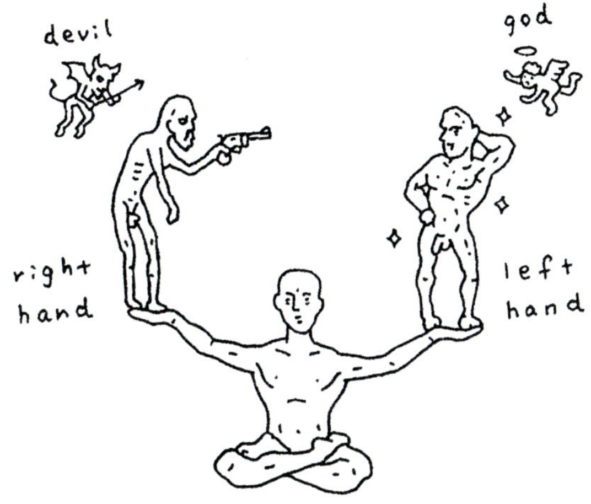

※ 신의 왼손, 악마의 오른손

람이 읽어줘서 기억한다고 합니다. 또한, 브루스 윌리스도 어린 시절에 난독과 말더듬 경향이 있었다고 합니다.

남자 배우가 나왔으니 이번엔 같은 책에 나와 있는 여배우도 언급해 보겠습니다. 왼손잡이 여배우는 그레타 가르보, 주디 갈란드, 다이안 키튼, 우피 골드버그, 킴 노박, 줄리아 로버츠, 셜리 맥클레인, 마릴린 먼로 등등—역시 많군요.—

실패를 모르는 남자 선택법① 「내 남자친구는 왼손잡이」 법칙

현재는 거의 차별받지 않는 왼손잡이지만 과거의 역사에 따르면 무시무시할 정도의 박해를 받아왔습니다.

예를 들어 영어권의 예를 들자면, 오른쪽은 「Right」로 '바른'이지만 왼쪽은 「Left」로 '남겨지다' 입니다.

영국 빅토리아 왕조 시대에 「왼손의 딸」이라고 하면 혼외정사로 태어난 딸이란 뜻이었습니다.

「왼발이 두 개 있다」는 서툴다는 뜻, 특히 춤을 잘 추지 못하고 서툴다는 뜻입니다.

「왼손잡이 서약」은 지킬 생각이 없는 약속.

「왼손잡이 건배」는 남을 모욕하여 비웃는 의미의 건배.

「왼눈으로 보다」는 자신에게 유리한 것만 본다는 의미.

「왼손잡이 찬사」는 칭찬을 하는 건지 헐뜯는 건지 알 수 없는 찬사─사실상 헐뜯고 있습니다.─

더 나아가서 신약성서에서 예수는 최후의 심판 때 신앙심 깊은 자를 자신의 오른편에, 구제할 수 없는 자를 왼편에 두었습니다. 레오나르도 다 빈치의 「최후의 만찬」에서 유다는 예수의 왼쪽 세 번째에 그려져 있지요.

이슬람교도 왼손을 지독하게 싫어하고 사회주의였던 소련, 중국에서는 왼손으로 글을 쓰는 것을 금지했습니다.

왼손잡이 학생은 왼손에 추를 달거나 왼손을 등에 동여매거나 혹은 뜨거운 물을 끼얹는 등 지독한 처사를 당했습니다.

그리고 중세에서 마녀로 처형당한 여성의 태반은 왼손잡이였지요.

어째서일까요?

어째서 왼손잡이는 그렇게나 박해받았을까요?

뭔가 비정상적으로 강한 집념이 느껴집니다.

혹시 왼손잡이 남성이 여성에게 인기가 있고 왼손잡이 여성이 -잘생긴- 왼손잡이 아들을 낳기 쉽기 때문일까요?

실제로 부모가 양쪽 다 오른손잡이일 경우, 아이가 왼손잡이가 될 확률은 1/10, 아버지만 왼손잡이일 경우에도 아이가 왼손잡이가 될 확률은 1/10입니다. 그런데 어머니만 왼손잡이일 경우, 아이의 1/5이 왼손잡이가 됩니다.

그렇다면 이것은 인기 많은 남자에 대한 인기없는 남자의 박해가 아닐까요?

그들도 왼손잡이 남성이 인기가 많다는 것을 무의식적으로 알고 있는 것이겠지요.

세상의 대다수는 '인기없는 남자' 입니다. 따라서 종교, 사상, 계율과 같이 많은 사람들의 동감을 필요로 하는 논리와 법칙은 '인기없는 남자' 를 이용하게 된 것입니다.

그렇다면 인기 많은 남자는 실은 불쌍한 사람인가요?!

예전부터 신기하게 생각하던 것이 있어서 질문을 드립니다.

전기제품이 고장 났거나 물이 새서 가끔 A/S를 받을 때가 있는데 고치러 오신 분들이 전부 깜짝 놀랄 만큼 친절하고 조용하고 성실한 타입이었습니다.

전자동 세탁기가 고장났을 때도 '유감이지만 모터 고장이군요. 모터 전체를 갈아야 하겠는데요' 하고 정중하게 설명해 줬습니다. 그런데 세탁기를 비스듬히 기울였을 때 세탁기를 놓는 바닥의 표면이 끈적끈적하게 더러워져 있었어요. 그래서 제가 '하는 김에 청소해도 될까요?' 하고 말하자 이때도 대단히 친절하게 도와줬답니다.

타케우치 씨의 설명에 따르면 이공계의 능력이 뛰어난 남자는 우뇌가 발달되었고, 그것은 태아기에 남성 호르몬인 테스토스테론의 수치가 높기 때문이라고 하셨는데요-테스토스테론은 우뇌를 발달시키는 작용을 합니다.- 그런데 이런 사람들은 아주 조용하고 친절해서 전혀 테스토스테론의 수치가 높다고 느껴지지 않

A! 말씀대로입니다. 제 경험으로도 이공계 남자는 조용하고 부드럽고 친절했습니다. 교토대학 이학부에 계신 선생님이 제 동기인 남학생들에게 하신 말씀처럼 '너희들, 두부 모서리에 머리 박고 죽어버려라!' 라고 할 만큼 연약하지요. 도무지 테스토스테론 수치가 높아 보이지 않습니다.

 만일 반대로 이공계 남자가 테스토스테론 수치가 높다고 한다면 어떨까요? 여자들은 환성을 지르며 좋아하겠지요-왜냐하면 테스토스테론 수치가 높다는 것은 생식 능력이 높다는 것을 의미하여 여자는 테스토스테론 수치가 높은 남자에게서 대단한 매력을 느낍니다.-

"수학 올림픽 일본 대표인 ○○○입니다."

"꺄악~ 멋있어~!"

"K대학 이학부 물리학과에 다니는 ××입니다."

"꺄아~ 근사해♡"

하지만 이런 일은 절대 있을 수 없는 일이지요. 그렇다는 것은 역시 이공계 남자는 테스토스테론 수치가 높지 않습니다. 태아 때는 높았을지도 모르나-그렇지 않으면 이공계 능력과 깊은 관련이 있는 우뇌를 발달시킬 수 없었을 겁니다-사춘기 이후엔 낮아졌다고 추측할 수 있습니다.

실은 저는 최근에 이런 연구가 있다는 걸 알았답니다.

캐나다의 C. 고티에와 돌린 키무라라는 심리학자가 있습니다. 후자는 일본계인 줄 알았는데 아닌 모양입니다.

그들의 연구에 따르면, 이공계 능력 중 하나인 공간능력에 대해서 시험해 보자 다음과 같은 결과가 나왔답니다.

남성은 테스토스테론 수치가 낮은 편이 좋은 성적을 내고 여성은 높은 편이 좋은 성적을 냈습니다.

여성에 대해서는 완전히 수긍할 수 있었습니다. 하지만 남성에 대해서는 예상은 했지만 상당히 의외였습니다. 테스토스테론 수치가 낮은 쪽이 이공계 능력이 높을 줄 누가 알았겠어요?

하지만 이것으로 겨우 제 남자 동기생들이 「두부 같은 남자」인

점, 전기제품을 수리해 주는 아저씨가 친절하고 정중한 점이 이해가 되었습니다. 그들은 역시 테스토스테론 수치가 낮습니다.

 그들은 '시끄러워, 아줌마! 이래라저래라 주문이 왜 이렇게 많아?!' 라고 하지 않고-애당초 그렇게 생각하지 않고-'저한테 맡기세요! 이런 일은 제 특기예요!' 라고 하지요.

 참고로 교토대학 이학부의 제 동기생 281명 중에 여자는 13명이었습니다.

 그런데 입학하고 곧 있었던 신체검사에서 저는 깜짝 놀랐습니다. 키가 큰 여자가 너무 많았던 겁니다. 170㎝를 넘는 사람이 2명, 168㎝가 1명, 166㎝가 1명이었습니다. 저는 163㎝였지만 저보다 키 큰 여자가 이렇게 많이 있는 상황은 처음이라서 깜짝 놀랐습니다.

 바로 그 이유가 테스토스테론입니다. 여자가 테스토스테론 수치가 높으면 이공계 능력이 높고 더구나 테스토스테론은 키를 자라게 하는 작용을 하기 때문에 교토대학 이학부에 키 큰 여자들이 모이게 되었다는 말입니다.

 실패를 모르는 남자 선택법② 남편감을 고려려면 「두부 같은 남자」를 골라라?

※ 이공계 남편과의 아침 식사

어쨌든 이공계 남자가 테스토스테론 수치가 낮은 경향이 있다는 것이 판명되었습니다. 그로 인해 여러 가지 현상을 설명할 수 있게 되었습니다.

예를 들자면 수학 올림픽이나 로봇 경연대회 같은 곳에 출전하는 소년이 근육과 인연이 없는 말라깽이라는 점—테스토스테론과는 관계없을지도 모르지만 안경을 끼고 있는 경우가 많더

실패를 모르는 남자 선택법② 남편감을 고르려면 「두부 같은 남자」를 골라라?

군요.-

 노벨상 수상자인 타나카 씨가 전혀 운동할 줄 몰라서 체육 시간에는 「타나카 식」으로 특별 지도를 받았다는 점-야구를 배울 때는 배트가 공에 맞지 않아서 공을 볼링처럼 지면에 굴렸다고 합니다.-

 그리고 이공계 남자가 아무리 봐도 여자들에게 인기있는 타입이 아니라는 점.

 아, 그렇지만 이공계 남자는 친절하고 부드러워서 집안일이나 육아도 잘 도와줍니다. 그보다도 중요한 점은 바람을 피울 것 같지 않아요. 이공계 남자는 가정적이랍니다. 남편감으로 단연코 이공계 남자를 추천합니다.

 그런데 좀 다른 이야기입니다만, 몽골 인종이 이공계에 뛰어난 재능을 가지고 있다는 것은 미국에서는 경험적으로 알려진 모양입니다. 그 나라 TV 드라마를 보고 있으면 의사는 대부분 아시아계 사람이 등장하더군요. 사실은 이 점에 대해서도 훌륭한 연구 결과가 있답니다.

미국에서 아시아계 인구가 전체에서 차지하는 비율은 약 3%, 아프리카 계는 약 15%, 나머지는 코카서스 계(백인계)이지만 아시아계가 이공계에 강하다는 것은 확연하게 알 수 있습니다.

이공계 각 분야의 연구자 비율이라는 관점에서 보면 다음과 같습니다.

	백인계	아시아계(%)
생물학	90.7	5.3
교육 & 자연과학	88.7	9.3
물리학 & 천문학	89.8	8.5
공학	79.1	19.5

『여성의 능력, 남성의 능력-도린 키무라 저, 노지마 히사오 외 역, 신요사-』에서 발췌

한편, 아프리카 계(흑인종)는 어느 분야에서도 5%를 넘지 못합니다.

어째서 아시아계(황인종)는 이공계에 강한 걸까요?

이점에 대해서는 제가 네오테니로 설명한 적이 있습니다-네오테니는 아이의 특징을 가진 채 어른이 되는 것으로서 유형성숙을

말합니다. 인간은 유인원과 비교하면 아이의 특징을 많이 가지고 있기에 인간은 한편으로는 네오테니로 인해 인간이 되었다고 말할 수 있습니다.-

　말하자면 인간 중에서도 몽골 인종이 네오테니가 가장 강하게 일어나고 있다는 뜻입니다-아프리카 인종은 그 반대.- 이공계의 재능은 발상의 유연성과 같이 아이다운 요소가 관련되어 있습니다. 그래서 몽골 인종이 가장 이공계에 뛰어난 것은 아닐까요?

　하지만 또 하나 이유를 덧붙여 보겠습니다. 몽골 인종의 남성이 이공계에 강한 이유는 테스토스테론 수치가 3대 인종 중에 가장 낮기 때문입니다!

end.

최근 모 잡지에서 자궁경부암에 걸리는 원인 중 80%가 섹스를 통해 감염되는 인유두종 바이러스(HPV, Humam Papilloma Virus)라는 바이러스 감염에 따른 것으로서 콘돔을 사용하지 않고 섹스하거나 복수의 남성과 섹스 경험이 있는 사람이 걸리기 쉽다는 기사를 읽었습니다. 이 복수의 남성과 섹스라는 것은 콘돔의 유무와는 관계없이 무조건 위험한 것인지 궁금하네요.

또 이 「인유두종 바이러스」라는 것은 남자 쪽에서 가지고 있는 바이러스인지, 혹은 남녀의 섹스로 발병하는 것인지, 여자 쪽에서 가지고 있는 것인지 알고 싶습니다. (40세, 여자)

십여 년 전쯤에 모 유명 사진가 A의 부인이 자궁암으로 숨졌을 때 저는 이렇게 생각했습니다―자궁경부암인지 아닌지는 모름.―

'A가 옮겼을 거야. 하지만 그 사실을 A가 알면 얼마나 충격을 받을까?'

그리고 한참 지나서 이번엔 방탕하기로 소문난 모 유명 배우 M의 부인이 자궁암에 걸렸습니다-이것도 경부암인지는 모름.- 다행히도 완치된 것 같지만 전 이 말만큼은 분명히 하고 싶습니다.

"이봐, M! 자기가 옮겨왔으면서 아픈 부인은 뒷전이고 계속 바람만 피우고 다니다니! 너무하잖아!"

자궁암에는 자궁체암과 자궁경부암이 있는데 후자는 자궁 입구의 대단히 좁은 부분인 자궁 경부에 생기는 암입니다. 이 암의 원인은 대부분이 인유두종 바이러스에 의한 것입니다.

예를 들면, 한 남성이 자궁경부에 이 바이러스가 감염된 여성과 콘돔 없이 관계를 맺습니다. 그리고 이 남성이 다른 여성과도 콘돔 없이 관계를 맺습니다. 이 바이러스는 그런 식으로 퍼져 나가는 겁니다-물론 콘돔을 쓰면 퍼치지 않습니다.-

그렇다면 당연히 많은 남성과 관계를 맺은 여성일수록 이 바이러스를 가지고 있을 가능성이 높고 이미 발병해 있을지도 모릅니다.

실패를 모르는 남자 선택법③ 남편이 방탕한 사람이라면 자궁경부암에 주의하세요!

많은 여성-특히 많은 남성과 관계를 맺은 여성-과 관계를 맺은 남성일수록 이 바이러스를 갖고 있기 쉽고 자신도-여성의 자궁경부암만큼 심각하지는 않지만- 음경암에 걸릴 위험성이 있습니다.

실제로 쥰텐도 대학의 이시 카즈히사 씨와 연구진은 100종이나 되는 인유두종 바이러스 중에서 특히 발암 위험성이 높은 13종에 대해 여성의 감염률을 조사해 보았습니다. 그러자 일반 자궁암 검사나 임산부에게서는 5%였던 데 비해 유흥업소에서 일하는 여성에게서는 47%였습니다-236명 중 112명. 그런데 유흥업소에서 콘돔을 이용하지 않는 경우도 있나요?-

그렇기 때문에 방탕한 남편을 둔 부인은 아무리 조심을 거듭해도 지나치지 않습니다. 여성 본인이 방탕한 경우에도 주의가 필요합니다.

하지만 이 점은 짚고 넘어가야겠습니다. 만일 앞에서 예로 든 두 부인이 자궁체암이라면 이야기가 전혀 달라집니다. 자궁경부암이라고 해도 100% 인유두종 바이러스가 원인이라고 장담

실패를 모르는 남자 선택법③ 남편이 방탕한 사람이라면 자궁경부암에 주의하세요!

할 수 없고, 그런 경우에도 이야기가 전혀 달라집니다—어떤 신문 기사에 따르면 전자의 경우, 사인이 자궁육종이라고 하는데 그렇다면 아라키에게 책임이 없을지도 모릅니다.—

자궁경부암은 예전에는 자궁암의 90%를 차지했었지만 지금은 자궁경부암 70%에 자궁체암 30% 정도의 비율입니다.

자궁체암이 늘어난 이유는 자궁체암이 출산 경험이 없거나 적은 여성에게 많은데 요즘 여성의 출산율이 줄어들었기 때문입니다. 또한 자궁체암의 원인 중 하나가 비만인데 요즘 여성들에게 비만 경향이 있기 때문입니다.

여성 호르몬인 에스트로겐은 지방 조직에서 만들어집니다. 그런데 비만해지면 에스트로겐이 지나치게 분비되어 자궁내막을 대폭으로 증식시킵니다. 그 결과로 자궁체암이 일어나기 쉽게 됩니다.

자궁경부암의 증세는 극히 초기 무렵에는 거의 증세가 없습니다. 다만 섹스할 때 출혈이 있을 수 있는데 자궁체암은 그런 일이 없기 때문에 그런 점으로 알아볼 수 있습니다.

그렇게 되면 암세포화 된 경부를 제거하거나 자궁을 적출해야 합니다.

다만 자궁경부암은 다행히 진행이 늦고 바이러스에 감염되어도 95%가 아직 암세포화 되기 전의 극히 초기 단계이기 때문에 자연 치유가 된답니다.

그런데 이번 기회에 암에 대해 여러 가지로 조사하는 동안 '그래서 그런 거였구나!' 하고 무릎을 탁 칠 때가 자주 있었습니다. 모처럼 기회가 생겼으니 몇 가지 소개하겠습니다.

Q 항암제 때문에 머리칼이 빠집니다. 암과 머리칼이 무슨 관계가 있을까요?

A 항암제는 물론 암세포를 표적으로 삼는 약입니다. 암세포는 보통 세포와 달리 세포분열이 비정상적으로 활발해서 순식간에 증식합니다. 게다가 무한정으로 증식하는 것이 특징이지요. 그래서 항암제는 암세포의 세포 분열이 비정상적으로 활발하다는 특징을 노리고 공격하는 겁니다.

그런데 세포 분열이 활발한 세포는 암세포만이 아닙니다. 예를 들면 모발세포가 있습니다. 이 모발세포까지 휘말려 들어서 항암제에 피해를 입게 되는 것입니다-모발세포는 머리칼만 의미하는 것이 아니라서 몸 전체의 여러 가지 털이 빠집니다.-

세포 분열이 활발한 세포는 그 밖에도 혈구를 만드는 골수 세포, 위장의 점막, 생식 세포 등입니다. 항암제 때문에 백혈구가 감소해서 면역력이 저하되거나 구토를 느끼거나 식욕이 없어지는 것도 당연한 결과입니다.

털은 약을 중지하고 한 달 정도만 지나면 다시 자란다고 합니다.

Q 항암 치료는 휴식과 함께 행해집니다. 왜 휴식이 필요할까요?

A 방금 말씀드린 것처럼 항암제는 세포 분열이 활발한 일반 세포까지 공격합니다. 그러나 그 세포들은 암세포와는 달리 2~3주간의 휴식으로 회복되지요. 그래서 휴식을 주고 회복시키는 겁니다. 그리고 다시 투여와 휴식을 반복하는 거랍니다.

Q 발견된 암이 전이된 것이라면 그 원발 부위-암이 처음 발생한 부위-를 밝혀내는 것이 중요시됩니다. 그 이유는 뭘까요?

A 전이된 암은 그곳이 어떤 영역이라 할지라도 원발 부위의 조직 성질을 가진 채 전이합니다. 항암제를 투여한다고 해도 원발 부위에 맞추지 않으면 안 됩니다. 따라서 만사 제쳐 놓고 원발 부위를 밝혀내야 하는 것입니다.

이 암세포 전이에 대해서 몇 마디 더 말씀드리자면, 암이 가장 많이 전이되는 곳은 폐라고 합니다. 암세포는 혈류를 따라 이동합니다. 많은 장기의 혈관이 제일 먼저 연결된 곳이 바로 폐입니다. 그렇다면 당연한 결과겠지요.

다만 이렇게 의외적인 결합이 있기도 합니다. 전립선암은 뼈에 전이되기 쉽습니다-배틀로열로 유명한 후카사쿠 킨지 감독이 그랬습니다.-

실은 전립선암 세포와 뼈의 혈관 내벽이 특별히 결합하기 쉬운 관계이기 때문입니다.

그리고 이 얘기도 꼭 말씀드리고 싶었습니다.

자신은 담배를 피우지 않지만 폐암에 걸린 여성이 있습니다. 이 경우 원인의 1/3은 남편의 흡연에 있습니다.

남편이 애연가라면 조심하세요!

제 2 장
혼인형태와 번식전략

실은 제가 결혼하고 1년을 보내면서 깨달은 사실이 있어요. 여태까지 일부일처제가 여자를 위한 제도라고 생각했었지만 그건 세상 남자의 대부분에 해당하는 인기없는 남자를 위한 제도가 아닐까 하는 점입니다. 겉보기엔 여자를 보호하기 위한 법률상의 제도처럼 보이지만 곰곰이 생각해 보면 애인이나 정부 같은 제2의, 제3의 사람은 박해받는 제도네요. 이건 극히 일부에 불과한 대단히 섹시하고 멋진 남자의 자손만 늘어나지 않도록 대부분의 인기없는 남자들이 생각해 낸 제도처럼 느껴집니다. 여자의 본능적인 부분에는 일부다처제가 숨어 있는 것이 아닐까요? 여자는 남자에 대한 취향이 무한정으로 치우쳐 있고 모두가 멋진 남자의 아이를 낳고 싶어할 거예요. 남자는 여자에 비해 이성에 대한 취향의 폭이 넓잖아요.

일부일처제는 인기없는 남자의 자손도 평등하게 후세에 남길 수 있도록 만든 남자를 위한 제도입니다!! (26세, 여자)

홀륭합니다! 날카롭게 생각하셨군요. '이제 더 이상 가르칠 것이 없다' 수준까지는 못 되더라도「초단」치고는 상당한 실력이라고 생각합니다. 잘하셨습니다.

사실은 미국의 사이언스 집필가인 로버트 라이트가『도덕적 동물-박영준 역, 사이언스 북스, 국내 출간, 일본판은 이 책의 저자가 감수-』이라는 책에서 비슷한 이야기를 합니다.

지금 여기에 혼인적령기인 남성 1,000명과 여성 1,000명이 있다고 합시다.

각자 어떠한 매력을 기준으로 1등부터 1,000등까지 순위를 매겨서 줄을 세웁니다. 이 실험에서는 남성은 경제력, 여성은 용모를 기준으로 삼았습니다-매력에 대해서는 그 밖에도 여러 가지가 있을 수 있고 사람에 따라서 이성의 어떤 면을 중요시하는지도 다릅니다. 같은 여성을 미인으로 보는 남성이 있으면 추녀로 보는 남성도 있을 수 있습니다. 여기서는 이론을 알기 쉽게 만들기 위해서 이렇게 했습니다. 중요한 점은 순위를 매겨서 세우는 것입니다.-

만약 이 사회가 일부일처제라면 어떻게 될까요?

아마도 비슷한 순위의 사람들끼리 커플이 될 것이 틀림없습니다. 상위권인 남성은 상위권 여성과, 중위권 남성은 중위권 여성과 맺어지게 말입니다.

하지만 여기서 갑자기 일부다처도 가능해진다고 합시다. 어떻게 될까요?

여성들 중에서 현재의 남자 친구를 차버리고 좀 더 순위가 높은 남성의 두 번째나 세 번째 부인 자리에 오르려는 사람도 분명 적지 않을 것입니다.

예를 들어서, 순위 400등인 「그럭저럭 매력적이긴 하지만 특별히 똑똑하지는 않은」 여성이 순위 400등인 「구두 세일즈맨」을 버리고 순위 40등인 「유명 변호사」의 두 번째 부인이 될 수도 있지요.

그렇게 되면 누가 제일 곤란해질까요?

그렇습니다. 이 구두 세일즈맨과 같은 중위권 남성입니다. 현재의 여자 친구가 도망가 버렸을 뿐만 아니라 다가오는 것은 좀

 「일부다처제」가 풀린다면? 자아, 세상은 어떻게 될까?

더 매력이 부족한 여자, 운이 나쁘면 한 명도 안 올 수도 있는 겁니다.

가장 밑바닥에 있는 남성은 처음부터 포기 상태였기 때문에 별로 영향이 없습니다. 상위권 남성은 현재의 여자 친구가 도망갈 일이 적은데다가 밑에서 여성들이 마구 달려듭니다. 나쁘지 않은 상황이지요. 역시 일부다처제가 되어 가장 곤란한 사람은 중위권이나 중간 이하에 있는 대다수의 매력없는 남성들입니다.

그래서 일부일처제는 이들 인기없는 남성들에 의한 음모라는 말이 됩니다.

또한 라이트의 이 말이 걸작입니다.

'일부일처제는 여자를 남자에게 공평하게 나눠 줘서 남자들에겐 평등주의가 된다. 하지만 여자의 입장에서는 눈곱만큼도 평등하지 않다. 여자들에겐 일부일처제보다도 일부다처제 쪽이 멋진 남자의 유전자와 재산을 보다 평등하게 여자들끼리 공유하고 나눌 수 있는 것이다.'

「일부다처제」가 풀린다면? 자아, 세상은 어떻게 될까?

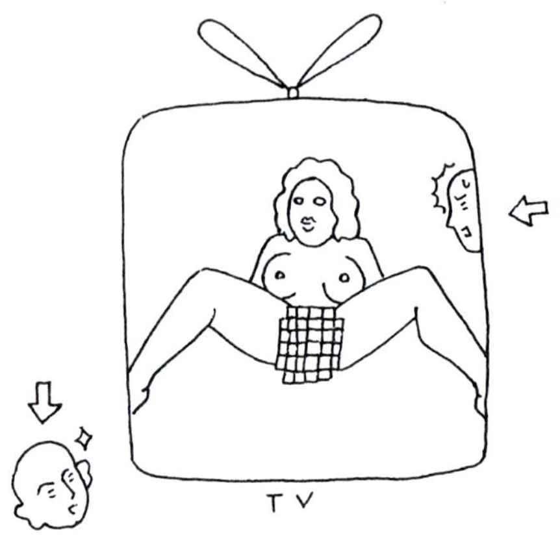

※ 감춰져 있으면 보고 싶지만 감춰져 있지 않으면 그다지 보고 싶지 않은 것.

하여튼 일부일처제는 이렇게 인기없는 남성의 전략이라는 말이 됩니다. 하지만 놀랍게도 그것은 여성 측의 음모라고도 볼 수 있답니다.

덴마크 출신인 A. P. 묄러라는 연구자를 아십니까? 제비 꼬리에 대한 연구로 상당히 유명한 사람입니다.

그는 동물 전반에 걸쳐 비교 검토하는 것을 좋아하는 모양인

 「일부다처제」가 풀린다면? 자아, 세상은 어떻게 될까?

지 새는 물론이고 영장류에 대해서도 이런 연구를 했습니다.
먼저 72체의 영장류-속 혹은 종, 인간도 포함-를 계통발생순
으로 늘어놓습니다-계통나무를 표로 그려놓습니다.-

각각의 혼인 형태-일부일처제인지, 일부다처제인지, 집단 내
에 복수의 수컷이 있어서 난혼적인지, 아니면 결혼 형태가 확
실하지 않은지-를 기록합니다.

그리고 동시에 암컷이 배란 사인을 확실히 표시하는지, 조금만
표시하는지, 애매한지, 전혀 표시하지 않는지도 기록합니다.

뮐러는 그런 사항들에 대해서는 물론 많은 사람들의 연구를
이용하고 있습니다-참고로 인간은 배란 사인을 표시하지 않고
일부일처제로 되어 있습니다.-

결국 일부일처제라는 혼인형태가 진화 과정에서 암컷이 배란
사인을 표시하지 않게 되고부터 등장한다는 사실을 알 수 있었
습니다. 사인이 있을 때는 등장하지 않고 일부일처제가 된 이
후에 사인이 없어지지도 않았습니다. 처음부터 배란을 은폐하
는 것입니다.

「일부다처제」가 풀린다면? 자아, 세상은 어떻게 될까?

예를 들자면 생물학적 계통상 대단히 가까운 올빼미원숭이속, 티티속, 겔디원숭이속, 타마린속, 골든라이온타마린속, 마모셋속, 피그미마모셋속, 사키속, 흰얼굴사키속, 와카리속, 고함원숭이속의 검은고함원숭이, 이들은 모두 암컷이 배란 사인을 감추고 있습니다. 그러나 일부일처제가 실시되고 있는 것은 올빼미원숭이속부터 사키속까지입니다. 흰얼굴사키 밑으로는 집단 내에 복수의 수컷이 있는 난혼적인 형태입니다.

어째서 암컷이 배란을 감추면 일부일처의 길이 열리는 걸까요? 남편에게 감춰서 뭘 어쩌려는 거죠?

바로 남편이 한눈을 팔 수 없게 된다는 겁니다!

남편은 아내의 배란 시기를 모르면 다른 수컷에게 빼앗기지 않도록 항상 지켜보고 있어야 됩니다. 따라서 24시간 행동을 함께하며 일부일처제가 실시되게 됩니다.

그러나 동시에 암컷은 수컷에게 육아를 돕게 만드는 데에도 성공합니다─사실 이게 목적일까요? 일부일처제가 실시되고 있는 올빼미원숭이속부터 사키속까지는 수컷이 만점 아빠라는

평판을 얻고 있습니다. -

그러나 인간의 경우엔 일단 일부일처에 배란도 은폐하고 있는데도 부부가 떨어져 있을 때가 있습니다. 이유가 뭘까요? 누군가의 음모일까요?

그렇습니다. 음모입니다. 여성의 음모. 여성은 몰래 외도를 해서 아이를 가집니다. 하지만 그 아이를 남편의 아이라고 속입니다. 월등하게 좋은 남자의 유전자만 손에 넣고 나중엔 남편을 속여서 아이를 부양케 합니다.

일부일처제는 인기없는 남성의 음모이자 동시에 이상형의 남성과 결혼하지 못한 대부분의 여성들의 음모이기도 합니다. 육아를 돕게 만드는 것도 모자라서 바람피워 생긴 아이도 부양케 만드는 음모 말입니다.

& end.

「일부다처제」가 풀린다면? 자아, 세상은 어떻게 될까?

서른여섯인 저와 서른여덟인 남자친구는 반년 전부터 동거 중입니다. 거의 매일 피임하지 않고 섹스하고 있는데 도무지 임신할 기색이 안 보입니다.

남자는 매일 방출하는 쪽이 정자가 신선해서 좋을 거라고 생각하는데 실제로는 어떤가요?

그리고 임신하지 않는 이유를 비과학적인 말이지만 '아직 우리에게 필요하지 않아서'라고 보는 편이 좋을까요? 생명이 잉태되는 신비를 가르쳐 주세요.

참고로 그이와 저는 과거의 결혼으로 각자 아이가 있습니다. (36세, 여자)

두 분 모두 과거에 했던 결혼으로 자녀 분이 계시니까 능력에는 문제가 없겠군요–남 자분의 아이가 전 부인이 바람피워 생긴 거라면 이야기가 달라지겠지만 말입니다.–

매일 방출하는 쪽이 정자가 신선해서 좋다는 것은 맞는 말입니다.

모아두는 편이 좋다고 금욕하는 경우를 흔히 볼 수 있는데 정자가 오래되면 오히려 아이가 생기기 힘들어집니다. 그 점에서는 훌륭하신 선택입니다.

하지만 아이가 안 생긴다…….

그렇다면 저는 두 분께 아이가 안 생기는 원인은 바로 이것이 아닐까 생각합니다.

「매일 피임하지 않고 하는 것.」

매일이라고 할 정도로 빈번히, 더구나 피임하지 않고 하는 것-콘돔을 씌우지 않는다는 의미겠지요?- 아이러니하게도 가장 아이가 생기기 쉬울 것 같은 이 방법에 생기지 않는 원인이 있는 것입니다.

「항정자 항체」라는 말을 알고 계십니까?

생각해 보면 정자라는 것은 여성의 몸에 들어온 이물질입니다. 따라서 감기 바이러스에 대항하는 것처럼 정자에 대한 항체를 만드는 것입니다.

당연히 정자가 빈번하게 침입해 오면 올수록 항정자 항체도 잔뜩 만들어집니다.

즉, 두 분이 처하신 상황은 매일이라고 할 정도로 빈번히, 더구나 콘돔도 없이 했기 때문에 여자 분의 몸속에 남자 분의 정자를 목표로 삼은 항정자 항체가 대량으로 만들어져 있습니다. 그것이 정자가 아무리 침입해 들어와도 거의 막아내고 있는 것이 아닐까 생각합니다.

옛날의 창부는 잘 임신하지 않았습니다. 그것은 콘돔 없이 수없이 많은 남자들과 빈번하게 관계를 맺어서 여러 가지 종류의 항정자 항체가 대량으로 만들어졌기 때문이라고 합니다.

아무튼 항정자 항체가 원인이라면 이야기는 간단합니다. 몇 달 정도 콘돔을 씌우고 하세요. 그래서 항정자 항체가 적어지기 시작했다고 생각되는 시점에서 자연스러운 형태로 관계하세요. 그것뿐입니다.

수국의 잎사귀에는 독이 있어서 벌레들이 먹지 않는다고 합니다. 그런데 저희 집 수국은 화분인데도 올해는 웬일인지 동글동글한 갈색 털벌레가 10마리 정도 붙어서 잎사귀를 파먹어 버렸습니다. 수국에 따라서 독성이 약한 것도 있는 건가요? (48세, 여자)

수국의 잎사귀는 벌레가 못 먹지만 조사해 보면 그래도 먹는 녀석이 있답니다.

먼저 미국흰불나방, 뽕나무알락불나방 등 불나방 종류의 유충이 있습니다. 그들은 실제로 뭐라도 잘 먹어서 가로수나 정원수 대부분이 그들의 메뉴 안에 포함되어 있습니다. 당연히 수국 잎사귀도 들어 있지요.

남방차주머니나방의 유충인 도롱이벌레도 가끔 수국 잎사귀를 먹을 때가 있습니다.

말씀하신 동글동글한 갈색 털벌레는 아마도 불나방 종류의 유충이라고 생각하는데요–유감스럽게도 그 이상은 모르겠습니다.–

그리고!

수국도 생물인 이상 당연히 개체에 따라서 독성이나, 기생하는 벌레에 대한 저항력의 크기도 차이가 있습니다. 질문해 주신 분의 수국은 그런 힘이 조금 약하거나 어쩌면 마침 올해 운이 나빴을지도 모르겠습니다.

수국의 꽃은 피기 시작했을 때는 녹색이지만 점점 푸르게 변하고 마지막에는 붉은 기를 띠고 끝납니다.

초반에는 엽록소의 색깔을 반영해서 녹색-군데군데 하얀색-이지만 차차 엽록소가 없어져서 녹색이 사라지고 대신 안토시안이라는 색소가 합성되어 푸른색이 됩니다. 마지막에는 세포 안에 있는 액포에 노폐물이 쌓여 산성도가 높아져서 붉은 기를 띠게 됩니다.

하지만 수국의 꽃 색깔은 이것과는 별개로 토양의 성질에도 영향을 받습니다.

수국의 꽃 색깔의 근원이 되는 색소 안토시안은 원래 빨강, 핑크 계열의 색깔을 냅니다. 하지만 알루미늄 이온과 결합하면

※ 의외로 과학적으로 만들어진 수국의 한자 (紫陽花)

푸른색을 냅니다.

흙이 산성이면 흙 속에 알루미늄이 많이 녹아 있어서 수국의 뿌리가 그 이온을 대량으로 흡수하여 안토시안과 결합합니다. 그 결과 푸른색이 나오지요. 한편 흙이 알칼리성이라면 알루미늄 이온이 별로 녹아 있지 않고 흡수되지도 않아서 안토시안과

깜짝 놀랄 피임법 : 피임하지 않고 매일한다! - 수국 색깔의 변천사

별로 결합하지 못합니다. 따라서 붉은색이 된다는 이치입니다.

 게다가 수국의 뿌리는 흙 속에서 사방으로 뻗어 있습니다. 그런데 흙은 어느 곳이나 똑같은 성질을 가지고 있는 것이 아니지요. 산성이 강한 곳도 있는가 하면 알칼리성이 강한 곳도 있습니다. 그래서 각각의 뿌리가 어떤 성질을 띤 곳으로 뻗어 있느냐에 따라서 알루미늄의 흡수가 달라지고 각각의 꽃에도 그런 성질이 반영되는 것입니다.

 같은 줄기에 핀 꽃이라도 미묘하게 색이 다른 것은 그 때문입니다-물론 각각의 꽃의 성숙도에 따라서 먼저 색이 달라지겠지만 말입니다.-

 옮겨 심으면 꽃 색깔이 변한다는 것도 흙의 성질이 변하기 때문이겠지요.

 수국은 일본에서 만들어진 원예품종으로 일설에 따르면 놀랍게도 만들어진 시기가 나라奈良시대라고 합니다. 중심에 작은 꽃이 집중되어 있고 주변에 커다란 꽃이 둘러싸고 있는 산수국을 주변의 큰 꽃만 개량시킨 것입니다.

　그런데 그 주변의 꽃은 곤충을 불러들이기 위한 장식입니다.
꽃가루도 만들 수 없거니와 열매를 맺지도 못합니다. 따라서
지금의 수국은 스스로 번식하지 못하고 꺾꽂이에 의존합니다.
　게다가 꽃잎으로 보이는 부분도 실제로는 꽃받침입니다.
　수국은 일본이 원산지인 꽃이기 때문에 이런 일화도 있습니다.
　독일의 유명한 동물학자 지볼트는 그가 사랑한 나가사키 마루
야마의 게이샤 타키의 이름을 따서 수국의 종명種名을 「Otaksa」
(오타크사)로 짓고 학명을 Hydrangea Otaksa(하이드란지아
오타크사)로 지으려고 했습니다. 그런데 수국의 명명은 지볼트
와 똑같이 네덜란드의 선의船醫로 이미 50년이나 먼저 일본에
온 스웨덴 인 C. P. 툰베리가 더 먼저였답니다.
　그래서 수국의 학명은 유감스럽게도 일반적으로 Hydrangea
Macrophyla(하이드란지아 마크로필라)입니다.

타케우치 씨의 저서인 『좌우대칭인 남자』를 읽었습니다. 여성은 우수한 유전자를 자신의 자손에게 물려주기 위해 무의식 중에 좌우대칭인 남자를 찾는다는 말이로군요. 그렇다면 아들이 태어났을 때 그 아이를 가능한 한 좌우대칭인 남자로 키우고 싶은 것이 부모의 마음이라고 생각합니다. 좌우대칭인 아이를 육성하는 행위가 아이를 키우는 습관으로서 계승된 것은 아닐까요?

좌우대칭인 사람이 될지는 어린 시절에 결정된다고 생각합니다. 제1차 성장기(유치원기), 제2차 성장기(사춘기)는 성장이 두드러지는 시기이지만 동시에 병에 걸리기 쉬운 시기이기도 합니다. 이런 시기에 질병의 원인이 되는 기생충에 걸리게 하지 않는 것이 좌우대칭인 아이로 키우는 조건이라고 생각합니다. 실제로 제가 소아과의 외래진료를 하고 있으면 어머니가 딸에 비해 아들이 병에 걸렸을 때 작은 병이라도 필사적으로 병원에 데려가려는 것처럼 느껴집니다. 어머니는 무의식 중에 아들의 균형에 대한 위협을 느끼고 있는 걸까요? (41세, 남성, 소아과 의사)

질문의 인용이 길어졌지만 맞는 말씀이라고 생각해서 실었습니다.

역시 그렇군요! 그럴 거라고 생각했습니다. 부모는 딸보다 아들을 의사에게 진찰받으려고 하죠.

분명 남자 아이는 병에 걸리기 쉬운 경향이 있습니다. 하지만 부모는 아들을 가능한 한 좌우대칭인 남자로 키우기 위해서 대단치 않은 일이라도 아들을 병원에 데려가려고 합니다.

좌우대칭인 몸으로 발달하는 데 가장 방해가 되는 것이 바로 감염증. 혼자서는 살지 못하고 남에게 기생해서 살아가는 세균, 바이러스, 기생충 등에 의해 일어나는 감염증이기 때문입니다.

다만 저는 부모가 그런 행동을 취하는 동기가 육아 습관에 있다고 보지는 않습니다. 병원에 데려가면서 '이건 습관이니까' '우리 어머니도 이러셨으니까' 하고 일일이 생각하지는 않을 것입니다.

부모는 아이의 상태를 보고 '이건 병원에 데려가서 진찰을 받아야겠다’ 하고 생각합니다. 그때 어째서인지 아들이 딸에 비해 훨씬 심각한 상태에 빠져 있는 것처럼 느껴집니다. 따라서 대수롭지 않은 병이라도 병원에 데려가게 되는 것이겠지요.

여자는 낳을 수 있는 자식의 수가 한정되어 있습니다. 한편 남자는 그런 제한이 없지요. 잘만 하면 무한대로 아이를 만들 수도 있습니다.

따라서 아들을 낳기만 하면 대박이지요. 그래서 그 귀중한 「상품」의 가치를 떨어뜨리는 일이 없도록 조심하는 것입니다.

하지만 아들은 처음부터 좌우대칭인 남자 혹은 여자에게 인기있는 남자로 만들기 위해서 투자하고 아끼기 이전에 문제가 있습니다.

남자 아이는 태어났을 때 체중이 여자 아이보다 무겁습니다. 말하자면 많은 영양을 공급받고 있다는 말입니다 그 이후에도 수고가 많이 들고 밥도 많이 먹습니다. 이미 투자한 양이 크다는 말입니다. 그렇다면 무슨 일이 있어도 잃을 수 없으니까 소중히 여겨야 하겠지요.

그런 이유로 남자 아이를 더 소중하게 여기는 경향은 세계 공통, 인간계에 공통으로 존재한다고 말할 수 있습니다.

다만 예외도 있습니다. 그것은 그들에게 「지극히 특수한 사정」이 있는 경우입니다.

예를 들면 케냐의 무코고도(Mukogodo) 족의 경우입니다.

그들은 1920~30년대까지 동굴에서 살면서 수렵과 채집으로 생활해 왔습니다. 그러다가 최근에 목축민족으로 바뀌었지요. 때문에 다른 목축민보다 빈곤하고 지위가 낮아서 여자들은 자주 다른 부족의 아내가 됩니다.

그래서 무코고도 족 남자는 좀처럼 결혼할 수 없는 사태에 빠졌습니다. 아들보다 딸 쪽이 번식 가능성이 높아졌습니다. 따라서 부모로서는 딸을 소중하게 여기게 된 것입니다.

그런 본심이 다름 아닌 병원에 데려가는 횟수로 나타납니다.

그 지역에서 가톨릭교회가 운영하고 있는 병원에 진찰받으러 방문한 아이를 무코고도 족과 아닌 부족으로 분류해 봤습니다.

그러자 무코고도 족에서는 남아가 36 · 3%, 여아가 63 · 7%였

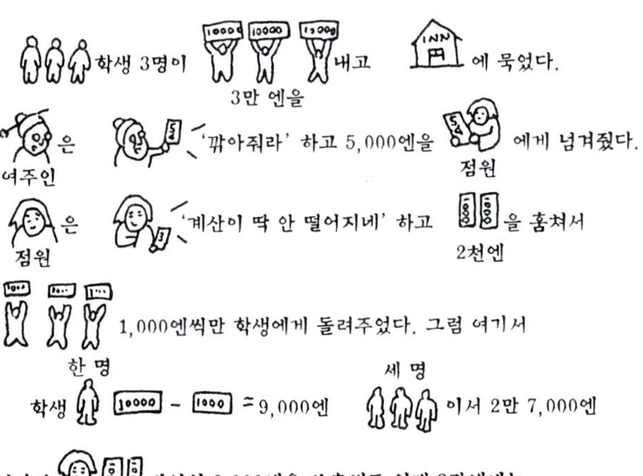

습니다.

여아가 남아의 두 배에 가깝게 의사의 진찰을 받았습니다!

무코고도 족이 아닌 부족에서는 남아가 55.3%, 여아가 44.7%

였습니다-아프리카에서도 특수한 사정이 없는 이상, 아들을

더 자주 병원에 데려가는 모양입니다.-

그리고 칸자르(Khanjar) 족이라는 부족도 예외입니다.

그들은 남아시아를 중심으로 여행하는 유랑민이라고 합니다. 저는 이 부족에 대하여 일본에서 상당히 유명한 이 분야 여성 연구가의 저서를 읽고 알았습니다.

그 책에 따르면 칸자르 족은 노상에서 노래나 춤을 보여주거나 점토공예, 종이공예 인형을 팔면서 생계를 유지하고 있습니다. 그런 일을 하는 쪽은 여자이기 때문에 부족에 여자 아이가 태어나면 '만세! 딸이다!' 하고 성대한 축하연을 벌입니다. 여자 아이는 대단히 환영받고 소중하게 여겨집니다. 그런데 남자 아이가 태어나면 '뭐야? 아들이잖아' 하고 모두 실망한답니다. 책에서는 종소리 한번 안 난다고 소개되고 있습니다.

이 이야기는 뭔가 이상하네요-이상하다는 생각 안 드십니까?- 아무리 여자의 노래나 춤으로 생계를 유지한다고는 해도 모든 여자가 장래에 그걸로 먹고 살 수 있을 정도로 명인이 된다고 장담할 수는 없습니다. 단순히 여자라는 사실만으로 기뻐하는 걸까요? 그렇지 않으면 이런 과잉 반응은 일어나지 않을 텐데요.

저는 인용문헌으로 나와 있는 원저의 논문을 읽어보기로 했습니다.

그러자 역시 예상대로였습니다!

칸자르 족의 생업으로서 노래나 춤, 점토공예 이전에 우선적으로 거론되는 것은 바로 「매춘」이었습니다.

역시 이거라면 수긍이 가지요. 여자 아이라는 사실만으로 '만세!' 겠지요.

그러면 어째서 이 여성 연구자는 이런 중요한 책의 본질을 숨겨 버렸을까요? 매춘은 있어선 안 되는 일이고 사회의 수치스러운 부분이며 극도의 인권 침해이기 때문일까요?

그녀가 말하고 싶은 것은 아마도 이런 것이겠지요.

'칸자르 족은 나쁜 짓을 하고 있는 것도 여성의 인권을 침해하고 있는 것도 아니다. 유랑민이라는 극한 상황에서 그렇게 하지 않고서는 살아갈 수 없는 것이다!'

있어서는 안 될 일이 아니라 그들은 그렇게 할 수밖에 없었던 것입니다. 이것은 숨겨야 할 것이 아니라 드러내야 할 일인 것입니다.

칸자르 족에게 여자 아이는 생명의 그물입니다.

칸자르 족에게 소아과 의사가 왕진을 나간다면 진찰을 기다리는 진료자들은 전부 여자 아이들일지도 모르겠군요.

the end.

『말을 듣지 않는 남자, 지도를 읽지 못하는 여자-앨런 피즈·바바라 피즈 저, 이종인 역, 가야넷, 국내 출간-』라는 베스트셀러가 있습니다. 그런데 제 경우에는 택시 운전기사가 되라는 말을 들을 정도로 방향 감각에 자신이 있습니다. 처음 간 장소라도 왠지 방향을 알게 됩니다. 머리 속에 나침반이 들어 있나 의심스러울 정도예요. 그래서 가끔 택시를 탔을 때 운전기사가 네비게이션에 의지하는 것을 보면 혀를 차게 됩니다.

그 반대로 우리 남편은 엄청난 방향치예요. 함께 나가면 싸움이 끊이질 않습니다. 남자의 뇌, 여자의 뇌에 대한 통설과 완전히 반대인 저희에게 좋은 어드바이스를 부탁드리겠습니다. (40세, 여자)

남녀의 차이-특히 남자 쪽이 수치적으로 높은 현상-를 설명할 때 반드시 인용되는 것이 신장입니다.

남자보다 키 큰 여자는 얼마든지 있습니다. 여자보다 키가 작은 남자도 많이 있습니다. 하지만 전체적으로 보면 남자 쪽이 큽니다. 180㎝나 190㎝까지 올라가면 여자는 거의 없고 남자들의 독무대가 되지요.

방향 감각에 관해서도 마찬가지입니다. 남자보다 월등히 방향 감각이 뛰어난 여자도 있고 여자보다 형편없는 남자도 있습니다. 하지만 전체적으로 보면 남자 쪽이 방향 감각이 뛰어납니다.

그런데 남자 쪽이 방향 감각이 더 뛰어난 이유에 대해서 이런 설명을 들어보신 적이 있으시겠지요?-뒤늦게나마 『말을 듣지 않는 남자…』를 읽어봤는데 그 책도 다음과 같이 설명하고 있었습니다.-

'남자는 사냥하러 나가고 여자는 집 주변에 머무르며 채집을 해왔다. 남자는 사냥터에서 집까지 무사히 돌아와야 했기에 방향 감각이 뛰어나게 진화했다. 한편, 여자는 그럴 필요가 없기 때문에 방향 감각이 그다지 진화하지 않았다.'

…사냥. 사냥에서 돌아온다…….

유감스럽게도 이런 식의 설명은 구닥다리입니다. 20년 전이라면 몰라도 지금은 완전히 시대에 뒤떨어졌다고밖에 말할 수

화제의 베스트셀러 『말을 듣지 않는 남자, 지도를 읽지 못하는 여자』에는 약점이 있다!

없겠군요.

이야기가 나온 김에 시대에 뒤떨어진 다른 부분도 짚고 넘어가
겠습니다.

『말을 듣지 않는 남자……』에는 '충동적이고 격렬한 남자의
성욕에는 분명한 목적이 있다. 인류의 존속이다. 모든 포유류 수
컷들이 그렇듯이 자신의 종을 번영시키기 위해 구비해야 할 조
건이 있다', '…여자는 성 충동이 약하고 공격성도 적다. 종의
존속이라는 관점에서 볼 때 여자 쪽이 성욕의 화신이 되어도 좋
을 정도다' 로 대표되는 것처럼 「종의 보존」, 「종의 존속」, 「종의
번영」이라는 표현이 잔뜩 등장합니다.

알고 계시는 분도 많을 거라고 생각합니다만 전부 틀린 말입니
다. 동물은 종의 보존, 존속, 번영을 위해 행동하는 것이 아니라
자신의 유전자를 널리 퍼뜨리기 위해서 행동하는 것입니다.

자세한 설명은 생략하겠지만 「종의 보존」은 틀린 말입니다. 이
것은 25년 전보다 더 전부터 동물행동학, 진화생물학 분야에서
는 상식입니다.

 화제의 베스트셀러 「말을 듣지 않는 남자, 지도를 읽지 못하는 여자」에는 약점이 있다!

하여튼 방향 감각의 진화를 설명하는 데 「사냥에서 돌아온다」는 낡은 이론입니다.

물론 사냥에서 돌아오는 것도 중요하지만 그것이 방향 감각을 진화시킨 원동력이라고는 생각하지 않습니다.

그 이론에는 「성」이란 관점이 없어요. 혼인 형태나 여자가 좋아하는 남자 타입과 같은 성에 관련된 요소가 없습니다. 그 점이 시대에 뒤떨어지고 약점이라는 말입니다. 진화란 성이 관련되어야 현격하게 진행되는 것입니다.

예를 들어, 「암컷이 이 수컷은 선택하고 저 수컷은 선택하지 않는다」, 「어떤 수컷이 이런 능력을 가지고 있어서 암컷에게 인기를 얻는다」, 「번식에 유리하다」 이와 같은 요소들은 자신과 똑같은 유전자를 널리 퍼뜨릴 수 있는 여부와 직결되어 있습니다. 기후 같은 자연 조건에 유리해서 남들보다 오래 살 수 있다는 성질의 진화와 비교할 때, 그 진행 방식이 비교도 되지 않지요. 그렇기 때문에 성을 생각하지 않으면 사물의 본질을 파악할 수 없을 정도입니다.

그러면 남자 쪽이 방향 감각이 뛰어난 이유는 무엇일까요?

커다란 힌트를 드리자면 다음 두 종류의 쥐입니다.

미국의 S. 고린과 R. 피츠제럴드는 서로 계통적으로 가까운 아메리카밭쥐와 아메리카소나무쥐를 이용해서 이런 연구를 했습니다.

먼저 그들에게 끝에 먹이가 놓여 있는 미로를 학습시킵니다. 먹이를 찾기 위해서는 시작 지점부터 지도상으로 정북쪽으로 올라가 직각으로 왼쪽으로 돕니다. 그리고 약간 북상해서 이번엔 오른쪽으로 돕니다. 그러면 막다른 곳에 먹이가 있습니다. 미로 속에서 먹이를 찾을 수 있는 길을 가르치는 것입니다.

다음은 미로를 방사형으로 퍼진 총 18개의 길이 활짝 편 부챗살 모양으로 존재하도록 개조합니다.

이때 정북쪽으로 가는 길은 막아두어서 쥐들에게 '원래 있던 길은 없어졌어. 하지만 새로운 길에 잔뜩 생겼고 똑바로 가기만 해도 먹이를 먹을 수 있는 길도 있는데 어느 길인 것 같니?' 하고 암묵적으로 알려줍니다. 먹이가 있던 방향을 얼마나 정확

 화제의 베스트셀러 『말을 듣지 않는 남자, 지도를 읽지 못하는 여자』에는 약점이 있다!

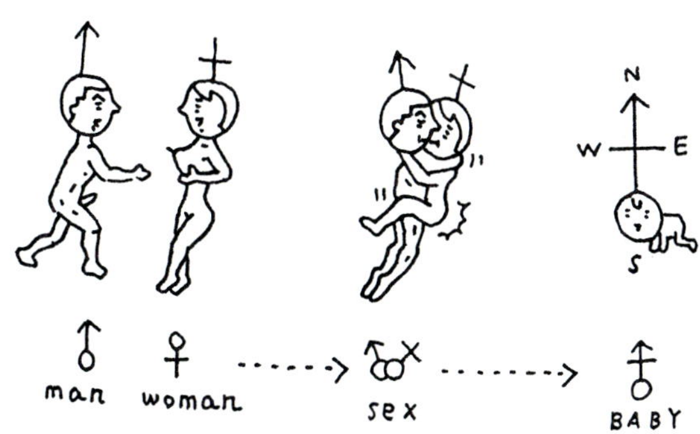

※ 그림으로 생각하는 성과 방향 감각

하게 인식하고 있는지 알아보는 것입니다-냄새로 알아채지 못하기 위해서 이때는 먹이를 놓지 않습니다.-

구체적으로는 예전의 길을 얼마나 빨리 찾아내는지, 그 길이 봉쇄되었다는 것을 알면 다음에 얼마나 적절하게 맞는 길을 찾아내는지에 따라서 각각의 점수를 주어 성적순으로 나열합니다.

그러자 두 종류 쥐들의 성적 패턴에 큰 차이가 나타났습니다.

아메리카밭쥐-수컷 9마리, 암컷 11마리. 합계 20마리-에서는 9마리 수컷 중에 위에서나 밑에서나 딱 중간인 5등의 성적을 거

화제의 베스트셀러 『말을 듣지 않는 남자, 지도를 읽지 못하는 여자』에는 약점이 있다!

둔 개체가 전체에서는 7등. 11마리 암컷 중에서 중간인 6등의 성적을 얻은 개체가 전체에서는 15등이었습니다. 암컷과 수컷의 성적이 크게 차이가 나는 것입니다.

하지만 아메리카소나무쥐-수컷 8마리, 암컷 13마리-의 경우에는 수컷과 암컷의 성적이 거의 차이가 없었습니다. 수컷의 보통 성적은 전체에서도 보통. 암컷의 보통 성적도 전체에서 보통이었습니다.

뭐가 어떻게 달라서 이런 결과가 나왔을까요?

실은 수컷의 방향 감각이 뛰어난 아메리카밭쥐의 혼인 형태는 난혼적입니다.

수컷은 많은 암컷과 교미하기 위해 여기저기로 나갑니다. 그런데 방향치는 눈독 들인 암컷이 있는 곳까지 갈 수 없고 돌아오는 것조차 마음대로 할 수 없지요. 방향 감각이 번식을 좌우하는 큰 문제가 된 것입니다. 따라서 수컷이 방향 감각이 뛰어나도록 진화한 것입니다.

한편, 아메리카소나무쥐의 결혼 형태는 일부일처제로 수컷이 여기저기 나갈 필요는 별로 없습니다. 따라서 방향 감각이 별로 진화하지 않은 것입니다.

인간 남자가 여자보다도 방향 감각이 뛰어난 것은 과거에 여자를 구하러 여기저기 돌아다니는 일이 자주 있었기 때문입니다. 그리고 지금도 그렇기 때문일지도 모릅니다.

엄청난 방향치인 남자는 바람을 피우기 위해 여기저기 돌아다니지 않고 집에 얌전히 있는 성실한 남자입니다. 아니면 단순히 방향치라서 그럴 수밖에 없는 남자일까요?

화제의 베스트셀러 『말을 듣지 않는 남자, 지도를 읽지 못하는 여자』에는 약점이 있다!

이런 우스개 이야기가 있습니다.

무인도에 남자 둘과 여자 하나가 표류된다면 남자는 어떻게 할까?

이탈리아 인이라면? 여자를 둘러싸고 남자들끼리 서로 죽인다.

프랑스 인이라면? 한 사람이 남편이 되고 다른 한 사람이 정부가 되어 잘 지낸다.

그러면 영국인이라면? 서로 소개받을 때까지 입을 열지 않기 때문에 아무 일도 일어나지 않는다.

이 이야기에는 새로운 결론이 있습니다. 바로 일본인 버전이죠.

무인도에 남자 둘과 여자 하나가 표류된다면 일본인 남자는? '어떻게 하면 좋겠습니까?' 하고 도쿄에 있는 상사에게 지시를 요청한다.

인간이 실제로 이런 상황에 처하면 어떻게 될 거라고 생각하세요? (44세, 여자)

무인도에 남자 과잉 상태로 이주하면 어떻게 될 것인가. 정말로 그런 이야기가 있답니다.

「바운티 호의 반란」이라는 이야기를 알고 계신가요? 여러 번 영화화될 정도로 서양 사회에서는 모르는 사람이 없을 만큼 유명한 실화지요. 일본에서는 츄신구라忠臣藏*에 해당할 만한 이야기입니다.

1787년 12월, 영국의 전함 바운티 호는 남태평양의 타히티 섬을 향해 출항했습니다. 승무원은 선장인 윌리엄 블라이, 부함장인 플레처 크리스찬을 포함해서 46명. 이들의 목적은 빵나무의 묘목을 가져오는 것이었습니다.

빵나무라는 것은 1768년에 쿡 선장이 남태평양의 원주민이 주식으로 삼고 있는 것을 알게 된 빵과 비슷한 맛의 열매를 맺는 나무입니다. 영국은 그 묘목을 남인도 제도에 옮겨 심어서 흑인 노예들의 식량으로 삼으려고 했던 겁니다.

바운티 호 일행은 아프리카의 희망봉을 돌아서 오스트레일리아

무인도에 남자 둘과 여자 하나가 표류된다면?

남해 연안을 통과하여 타히티에 도착했습니다. 그들은 그곳에서 5개월 정도 체류하고 빵나무 묘목을 잔뜩 싣고서 89년 4월에 출항했습니다. 그런데 곧 선내에서 반란이 일어났습니다.

계기는 블라이 함장과 뜻이 잘 맞지 않았던 부함장 크리스찬이 견디지 못하고 배에서 내리려고 한 것입니다. 그에게는 인망이 있었기에 많은 선원들이 크리스찬의 편에 서는 바람에 반란이라는 형태가 되었던 것입니다-원래부터 타히티 여자와의 교제를 블라이가 금지하는 등 그들에게는 여러 가지로 불만이 많아서 배 안은 폭발하기 일보 직전의 상태였지요.-

영화에서 이 크리스찬 역을 클라크 게이블, 말론 브란도, 멜 깁슨 등이 연기했습니다.

어쨌든 소동은 반란군의 승리로 끝났습니다. 함장 편은 거룻배에 옮겨 타고 48일간이나 표류한 끝에 기적적으로 구조됩니다.

그런데 문제는 반란군 쪽이었습니다. 반란에는 승리했지만 결국 모반이었지요. 귀국하더라도 목숨을 부지할 수 없습니다.

타히티로 돌아간 반란군은 두 패로 나뉘게 됩니다. 섬에 머무

 무인도에 남자 둘과 여자 하나가 표류된다면?

른 사람들과 그것은 위험하다 판단하고 어딘가 먼 곳의 무인도로 향한 사람들. 후자는 크리스찬을 포함한 9명에 현지 남자 6명과 여자 12명을 속여서 배에 태워 최종적으로는 남동쪽으로 2,000㎞나 떨어진 무인도 피트케언 섬에 도착합니다.

하지만 이때부터가 악몽이었습니다. 10년 후까지 생존해 있던 사람은 남자 1명과 여자 9명. 14명의 남자 중 1명은 자살, 1명은 병, 나머지 12명은 여자를 둘러싸고 죽고 죽이는 바람에 모두 사망했습니다−그동안 새 생명도 탄생하긴 했지만 말입니다.−

도대체 어떤 경위로 그렇게 되었을까요?『바운티 호의 반란−리처드 호프 저, 카네다 마스미 역, 후지 출판사, 국내 미출간−』에 따르면 먼저 백인 남자 9명은 현지 여자를 1명씩 아내로 삼았답니다. 그런데 현지 남자 6명은 여자 3명밖에 할당받지 못했습니다.

더욱 나쁜 일은 백인의 아내 1명이 사고사하고 현지 남자의 아내 1명도 죽어버렸습니다. 이렇게 해서 백인 남자 1명이 홀아비가 되고 현지 남자는 6명이서 2명의 여자를 공유하는 처지가 되었습니다.

그뿐만이 아닙니다! 홀아비가 이 2명의 여자 중 1명을 빼앗아가 버렸습니다.

결국 이 사건으로 인해 현지 남자들도 이성을 잃었지요. 당장 여자를 도로 빼앗아왔습니다. 하지만 그 일에 대해 백인 남자들이 취한 행동은 여자를 되찾아간 남자를 살해하는 복수였습니다. 그리고 한술 더 떠서 다른 현지 남자 1명도 위험인물로서 말살하는 폭거를 저질렀습니다.

이렇게 되면 사태는 이미 수습될 수 없게 되었습니다. 그 뒤로 현지 남자들이 반란을 일으켜서 크리스찬과 그와 특히 친했던 4명의 백인을 죽여 버리는 결과를 낳았습니다.

그런데 이 반란을 뒤에서 조종하고 있던 것은 놀랍게도 백인인 영이었습니다. 그는 현지인과 사이가 좋아서 그들을 선동하여 라이벌을 말살시키고 그들의 미망인들을 얻었던 것입니다.

그 뒤에 현지 남자들이 여자를 둘러싸고 죽고 죽이고, 남은 남자도 백인에게 살해당했습니다. 결국 남자는 백인 4명만 남았

 무인도에 남자 둘과 여자 하나가 표류된다면?

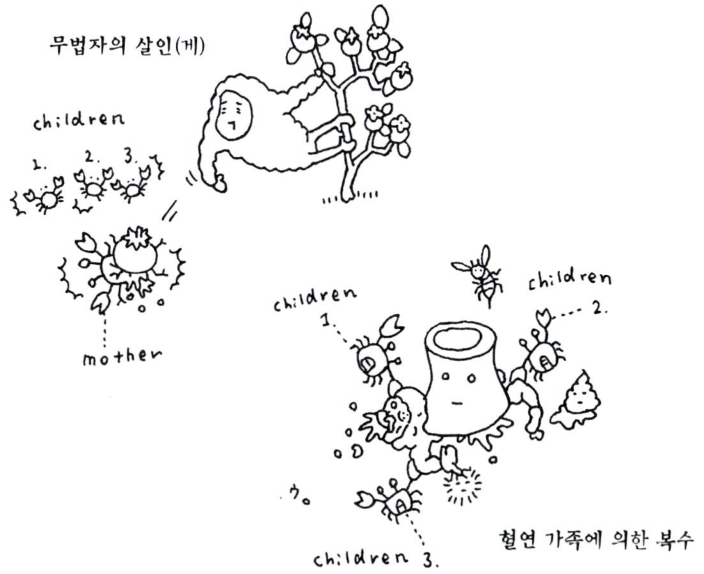

※ 원숭이와 게의 싸움에 보이는 의외로 무서운 혈연 가족에 의한 복수

는데 이것이 1793년의 일이었습니다.

 아이는 계속 태어났지만 96년에 남자 4명 중 1명이 자살했습니다. 그렇게 해서 남자는 악당 영과 그와 우정을 맹세한 친구 애덤스, 그리고 퀸텔이라는 예전부터 문제가 많았던 남자 3명이

무인도에 남자 둘과 여자 하나가 표류된다면?

되었습니다.

그런데 그 퀸텔의 아내가 99년에 죽었습니다. 그러자 그는 여자를 내놓으라고 요구했습니다. 그렇지 않으면 죽이겠다고 영과 애덤스를 협박하면서 여자를 내놓아도 죽일 기세였습니다. 그래서 두 사람은 자신들이 죽기 전에 먼저 그를 없앴습니다.

그리고 1800년에는 영이 병사해서 결국 남자는 애덤스 혼자가 되어버렸던 것입니다. 어째서 이렇게까지 처참한 상황으로 치달은 걸까요? 백인 대 현지인이라는 대립 구조, 특히 현지인에게 여자의 배분이 불공평하다는 가혹한 문제가 있긴 했지만 왜 이렇게까지 된 것일까요?

일단 생각할 수 있는 것은 공공 기관의 부재입니다.

사람을 죽여도 그것을 처벌할 정부나 경찰 같은 공공 기관이 없었습니다.

그리고 이 이유가 가장 큰 것 같지만 죽여도 복수해 올 혈연 가족이 없었습니다.

최근에 아이가 '왜 사람을 죽이면 안 돼?' 하고 물어보면 어떻게

 무인도에 남자 둘과 여자 하나가 표류된다면?

대답할 것인가가 화제가 되었습니다. 제가 준비한 대답은 이렇습니다.

"죽여도 되는지 안 되는지는 문제가 아니야. 단지 죽이면 상대방의 가족이 복수하러 올 거야. 그래서 죽이면 안 되는 거야!"

피트케언 섬에 도착한 사람들은 모두가 서로 생소한 남이었습니다. 적어도 상대방 가족의 복수를 두려워할 필요는 없었겠지요.

게다가 어느 정도 살인이 빈번해지면 자신이 하지 않으면 당할 뿐입니다. 그래서 죽이게 되는 겁니다.

피트케언 섬은 그 이후에 완전히 변모하여 평화가 찾아왔다고 합니다. 과거의 악몽이 되풀이되면 안 된다고 반성한 애덤스가 아이들에게 엄격한 기독교를 가르쳤다고 설명하고 있는데 그건 거의 관계가 없겠지요.

일단 무엇보다도 남자가 1명밖에 안 남았습니다. 그리고 섬에 혈연 집단이 생겼습니다. 혈연 가족에게서 보복당할 가능성이 출현한 겁니다. 따라서 서로 견제하게 되었기 때문이 아닐까요?

더구나 애덤스라는 수장과 그의 가계라는 유력한 세력이 생겼

무인도에 남자 둘과 여자 하나가 표류된다면?

습니다. 이것이 공공 기관처럼 범죄 억제의 역할을 가지게 된 것이 아니겠습니까?

번식하는 미스테리 ①
쌍둥이의 수수께끼

쌍둥이는 어떻게 태어나나요? 제 자신이 쌍둥이로 태어났고 외가 쪽으로 2대 전에도 쌍둥이가 있었다고 하는데 유전인가요, 환경인가요? 아니면 쌍둥이를 낳는 요령이라도 있는 건가요? 저도 나이가 나이라서 한 번 낳을 때 많이 낳아두고 싶어서 그러는데 가르쳐 주세요. (연령불명, 여자)

쌍둥이에는 일란성과 이란성이 있다는 것은 여러분도 알고 계실 겁니다.

일란성 쌍생아는 1개의 수정란이 발생하는 극히 초기에 쩍 하고 2개로 갈라지는 현상으로 인한 것입니다. 유전적으로도 완전히 똑같아서 말하자면 클론이라고 할 수 있습니다.

한편, 이란성 쌍생아는 한 번에 2개의 난자가 배란되어서 각각 다른 정자로 수정됩니다. 말하자면 태어났을 때만 동시일 뿐이지 실질적으로는 보통 형제와 다르지 않습니다. 당연히 같은 성일 경우도 있고 다른 성일 경우도 있지요.

실은 이 두 유형의 쌍둥이가 태어나는 빈도가 일란성은 인종,

민족에 따라 그다지 차이가 없는데 이란성은 놀라울 정도로 차이가 있답니다.

『인류유전학-기초와 응용-야나세 토시유키 편집, 카네하라 출판-』에 따르면 1,000회의 출산당 일란성 쌍생아가 태어나는 빈도(횟수)는 나이지리아, 이바단 지방의 5.0부터 스페인의 3.2의 범주 안에 들어갑니다-참고로 몽골 인종에 대해서는 일본의 자료만 보자면 3.8입니다.-

아무튼 별로 차이가 보이지 않습니다.

그런데 이란성 쌍생아의 경우, 1,000회당 출생 빈도가 다음과 같습니다.

이바단	39.9
요하네스버그	22.3
미국 흑인	11.8 (1922~54년)
미국 흑인	10.1 (1956~58년)
덴마크	10.2
이탈리아	8.6
노르웨이	8.3
오스트레일리아	7.7

 번식하는 미스테리① 쌍둥이의 수수께끼

이스라엘	7.3
미국 백인	6.1
스페인	5.9
일본	2.7

그러나 이것과는 별개의 조사로는 일본은 2.3, 한국은 조사 장소에 따라서 다르게 나왔는데 5.1~7.9, 중국은 일본과 비슷한 수준이었고 영국 8.9, 프랑스 7.1 등이었습니다.

그리고 나이지리아에 사는 어떤 부족에서는 47.0이라는 놀라운 수치도 나왔습니다.

이란성 쌍생아의 출현 자료를 보고 알 수 있는 것은 그것이 그 인종이나 민족의 번식을 둘러싼 전략, 즉 r／K 전략의 정도를 거의 그대로 반영하고 있다는 사실입니다.

r전략은 질보다 양이라는 전략으로 당연히 다산입니다. K전략은 양보다 질이라는 전략으로 당연히 소산입니다.

자료에 의하면 아프리카 인종이 가장 r전략적이고 몽골 인종이 가장 K전략적, 코카서스 인종이 중간 정도를 지키고 있다는 것을 알 수 있습니다.

확실히 이 자료들은 r전략적이고 다산인 아프리카 인종이 한 번의 출산이라도 두 명을 낳는 경우가 많고 K전략적이고 소산인 몽골 인종이 한 번 출산으로 두 명을 낳는 경우가 적다는 사실을 말해주고 있습니다.

그리고 새 시대의 미국 흑인들이 이전 시대보다 낮은 수치를 기록하고 있는 것은 점차 타 인종과 혼혈이 진행되어서 그들 본래의 전략에서 멀어지고 있기 때문이겠지요.

r전략과 K전략은 더 나아가서는 이런 현상과도 관계됩니다.

r전략은 조숙하여 동정, 처녀 상실의 시기가 빠르며 생식기가 발달하여 섹스 상대의 숫자가 많고 외도 횟수가 많습니다. 간단히 말해서 난자의 수정을 둘러싼 복수의 남성들 간의 정자 경쟁이 격렬합니다.

K전략은 모든 것이 반대입니다. 성숙이 늦되고 생식기가 덜 발달되었으며 섹스가 왕성하지도 않고 관계에도 깊이 몰두하지 않습니다. 정자 경쟁도 별로 격렬하지 않지요.

번식하는 미스테리① 쌍둥이의 수수께끼

한국의 이란성 쌍생아의 빈도가 몽골 인종치고는 높고 코카서스 인종의 수치를 바짝 추격하고 있지만 실은 한국인의 고환 사이즈는 코카서스 인종과 비슷한 수준입니다-보통 몽골 인종의 약 2배!- 그들은 몽골 인종으로서는 r전략적이지요. 그렇다면 한국의 이란성 쌍생아의 높은 빈도는 당연한 결과입니다-솔직히 고백하자면 저는 한국인의 고환 사이즈 자료 보고 진짜 사실인지, 허풍은 아닌지 의심했었습니다. 왜냐하면 한국 남자에 의한 한국 남자의 조사이기 때문이에요. 남자는 성에 관련되는 일이라면 과장해서 말하거나 해석하는 경향이 있으니까요. 하지만 이번에 이란성 쌍생아 출현 빈도라는 극히 객관적인 자료를 알고 나자 겨우 납득하게 되었답니다.-

또한, 이란성 쌍생아의 빈도가 인종, 민족에 따라서 이렇게나 차이가 난다는 사실이야말로 이 현상이 유전적이라는 증거가 됩니다.

유전자에 대한 도태가 일어났고 시간이 흐르는 동안 그것이 커다란 차이로 드러나게 된 것입니다.

※ 누구나 다 잠시 생각하지만 누구도 보통 말하지 않는 개그

실제로 여성이 이란성 쌍생아일 경우, 그렇지 않은 경우보다 이란성쌍생아가 2배 이상 많이 태어납니다. 이란성 쌍생아를 낳기 쉬운 성질은 역시 유전되는 것입니다.

더 나아가서는 나이대가 높아짐에 따라, 또는 출산을 많이 경험했을수록 이란성 쌍생아를 낳기 쉽다는 것도 알 수 있습니다.

나이의 경우는 절정기가 35~39세 무렵이고 빈도는 전체 평균

 번식하는 미스테리① 쌍둥이의 수수께끼

의 2배 정도입니다.

질문해 주신 분의 말씀처럼 출산은 이것이 마지막일 테니까 한꺼번에 낳겠다는 생각인 것입니다.

아무튼 자신이 쌍둥이로 태어났고-이란성이신가요?- 조상 중에도 쌍둥이를 낳은 여성이 있으며 '나이도 나이'라는 질문을 해주신 분이 쌍둥이를 낳을 확률은 상당히 높다고 할 수 있겠지요. 성공하시길 바랍니다. 다만, 쌍둥이의 출산은 일반적인 출산과 비교해서 모체에 2배, 각각의 아이에게는 5배의 사망 위험성이 있고, 고령 출산이라면 더 더욱 위험하니까 주의하세요!

쌍둥이라고 하면 저 같은 사람은 먼저 일란 성쌍생아를 떠올리게 됩니다. 사실 일본에서는 일란성 쪽이 이란성보다 많다기보다는 일란성 쪽이 더 인상이 강하기 때문이겠죠. 어쨌든 일란성 쌍둥이에게 흥미를 느끼게 됩니다.

그러나 저의 흥미는 일란성 쌍생아가 텔레파시로 교신한다는 것에 있지 않습니다. 그들의 상상을 초월하게 단단한 결속이나 서로에게 협력하는 태도에 있답니다.

분명 그들은 클론입니다. 유전적으로도 완전히 똑같고 유전자를 공유할 확률이 높은 사람들이지요. 가까운 혈연관계일수록 협력하거나 상대방을 편드는 것이 당연하기 때문에 그들의 그런 태도가 신기할 일은 아닙니다.

그렇다고는 해도 일란성 쌍생아가 출현하는 빈도는 1,000회당 고작 3~5회. 거의 드문 현상입니다. 이래서야 과연 자신과 유전자가 완벽하게 똑같은 인간이 있다고 인식하는 유전적 프로그램이 진화하기는 아마도 무리겠지요.

그래도 이 점은 알아두세요.

부모는 일반적으로 자신과 더 많이 닮은 자식을 두둔하고 형제는 자신과 가장 많이 닮은 형제와 가장 협력합니다.

일란성 쌍둥이의 결속이 견고한 것도 당연하겠죠?

번식하는 미스테리 ②
한국의 수수께끼

나카무라 우사키[*]가 쁘띠 성형[*]을 졸업하고 드디어 본격적인 성형을 하셨다던데 일본에서도 성형이 성행하고 있는 모양입니다.

들자 하니 헐리우드의 배우들 대부분이 성형 수술을 받았다고 하더군요. 그런데 헐리우드라면 이해도 가지만 일본인에 가까운 한국 사람들도 성형에 저항이 없어서 많이들 한다고 합니다. 이건 도대체 어떻게 된 일이죠? (47세, 여자)

저는 가끔 r전략, K전략 이야기를 합니다.

r전략은 질보다 양이라는 전략으로 불안정한 환경에 적응하고 있습니다.

K전략은 양보다 질이라는 전략으로 안정적인 환경에 적응하고 있습니다.

인간은 다른 어떤 포유류, 영장류와 비교해도 월등히 K전략적이지만 인종, 민족, 혹은 사회, 경제적인 계급 등에 따라서 더 더욱 K전략적인 사람들과 r전략으로 기울어지는 사람들이 있습니다.

인종의 예를 들자면 아프리카 인종이 가장 r전략적이고 몽골 인종은 가장 K전략적, 코카서스 인종은 중간입니다-각자 진화에 이르는 사정이 있는 겁니다.-

사실 이 r전략, K전략에서 나타나는 몸이나 성질, 행동의 특징이 있습니다. 그렇다는 것은 당연히 그런 특징이 인종과 민족에게도 나타나 있겠지요. 이하의 자료는 이 분야의 제1인자인 캐나다의 J. P. 러쉬톤의 저서 『인종 진화 행동-쿠라 타쿠야, 쿠라 켄야 저, 하쿠힌사, 국내 미출간-』을 기초로 제 나름대로 정리한 것입니다. N은 아프리카 인종(Negroid), M은 몽골 인종(Mongoloid)을 뜻합니다.

	r전략 N	K전략 M
아기의 돌아눕기	빠르다 …………	늦다
기어 다니기	빠르다 …………	늦다
걷는 시기	빠르다 …………	늦다
아이의 이빨 성숙	빠르다 …………	늦다

성적 성숙	빠르다 ············· 늦다
첫경험 연령	낮다 ············· 높다
혼전 교제 상대	많다 ············· 적다
최초의 임신	빠르다 ············· 늦다
섹스의 빈도	높다 ············· 낮다
외도 상대	많다 ············· 적다
사생아	많다 ············· 적다
이혼율	높다 ············· 낮다
성적으로	너그럽다 ········ 너그럽지 않다
성적 죄책감	약하다 ············· 강하다
페니스, 고환	대 ············· 소
질, 난소	대 ············· 소
월경 주기	짧음 ············· 긺
이란성 쌍생아	많다 ············· 적다
목소리	낮다 ············· 높다
남성 호르몬 수치	높다 ············· 낮다
성병	많다 ············· 적다
체취	강하다 ············· 약하다
근육질	이다 ············· 아니다
수명	짧다 ············· 길다
뇌의 크기	작다 ············· 크다
지능	낮다 ············· 높다

－지능에 대해서는 어디까지나 러쉬톤의 「지능 테스트」 결과를 기초로 삼은 견해입니다. 무엇을 지능으로 보느냐에 따라서 결과가 전혀 다르지요. 저는 지능을 측정한다는 행위 자체에 의문을 느낍니다. 게다가 독창성 같은 부분은 테스트로는 측정할 수 없습니다.－

근면함	낮다 ················	높다
활동성	높다 ················	낮다
사교성	높다 ················	낮다
공격성	높다 ················	낮다
불안도	낮다 ················	높다
자신에게 자신이	있다 ················	없다
주의력	깊지 않다 ············	깊다
마음이 상처받기	쉽지 않다 ············	쉽다
자살률	낮다 ················	높다
약이	잘 안 듣는다 ········	잘 듣는다
마약, 술에 의존	자주 한다 ············	자주 하지 않는다
(성적) 충동성	높다 ················	낮다
흥분성	높다 ················	낮다
규칙, 법을	잘 안 지킨다 ········	잘 지킨다
자식 교육열이	낮다 ················	높다
이공계 능력	낮다 ················	높다
		··· etc, etc.

번식하는 미스테리② 한국의 수수께끼

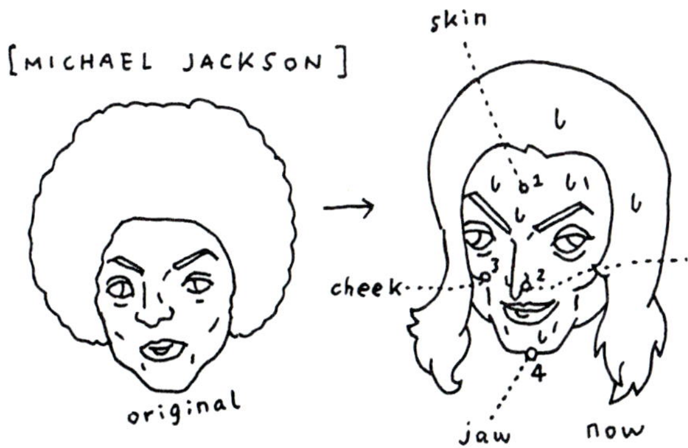

※ 어딜 보나 성형했는데 그 부분이 미스테리

　참고로 코카서스 인종은 모든 특징에 있어 훌륭할 정도로 아프리카 인종과 몽골 인종의 중간에 위치합니다.

　이 각각의 항목 중에서 교육열이 높다거나 규칙, 법을 잘 지키는 점은 바로 질보다 양인지, 양보다 질인지를 반영하고 있습니다. 육체적으로 조숙하고 늦된 점이나 수명, 생식기의 발달 정도, 이란성 쌍생아의 빈도도 그렇습니다. 활동성, 충동성, 불안도, 주의력의 깊이, 근면함 등의 성질도 그 반영이겠지요.

그리고 어떤 성질도 경향이 그렇다는 것뿐입니다. 아프리카 인종 중에서 늦된 사람도 있는 반면에 몽골 인종 중에서도 조숙한 사람이 있습니다. 아프리카 인종 중에서 근면한 사람도 있는 반면에 몽골 인종 중에서도 게으른 사람이 있는 것은 물론입니다.

그런데 어째서 인종에 따른 차이점에 대해 이렇게 길게 설명했을까요?

앞장의 쌍둥이에 관한 이야기를 기억하실 겁니다. 그때 저는 한국인이 몽골 인종치고는 이례적으로 이란성 쌍둥이를 잘 낳고 그 수치가 코카서스 인종을 필적한다고 말씀드렸습니다. 더구나 한국 남성의 고환 크기가 코카서스 인종과 비슷한 수준이라는 사실도 말입니다.

이러한 특징들에서 알 수 있듯이 한국인은 몽골 인종이면서도 어째서인지 r전략으로 기울어진 사람들이랍니다-잘 감이 오지 않는 분들은 그들의 축구장에서의 난투 소동, 열띤 응원, 서로 대립하는 종파 스님들 간의 폭력 사태, 육친을 사고로 잃은 사

 번식하는 미스테리② 한국의 수수께끼

람들의 비탄에 찬 격렬한 울음소리를 떠올려 보세요. 어째서 r 전략인지는 나중에 설명하겠지만 정말로 미스테리입니다.-

더군다나 이건 100% 저의 주관입니다만 피어싱이나 문신과 같이 몸에 상처를 내는 일에 저항이 적은 것도 r전략의 특징입니다. 그렇다는 것은 미용 성형에 저항이 적은 것도 r전략의 특징이 되겠지요.

코카서스 인종만큼이나 r전략의 경향을 보이는 한국 사람들이 미용 성형에 저항감이 적다는 것은 당연하지 않겠습니까?

모든 몽골 인종이 K전략을 진화시킨 것은 아닙니다. 러쉬톤의 주장에 따르면 최후의 빙하기가 절정에 달한 약 2만 년 전, 시베리아 근처에 있으면서 극도의 추위를 경험한 몽골 인종이 추위에 대한 적응으로서 K전략을 진화시켰다고 합니다-추위는 의외로 안정적인 환경입니다.- 이러한 몽골 인종을 신 몽골 인종이라고 하며 남방에 있어서 추위에 대한 적응을 할 필요가 별로 없었던 몽골 인종을 구 몽골 인종이라고 부릅니다. 지금은 양쪽의 혼혈이 진행되어 순수한 형태로는 좀처럼 존재하지 않습니다.

하지만 신 몽골 인종색이 강한 지역과 집단, 구 몽골 인종색이 강한 지역과 집단이 있습니다.

그러면 그 신 몽골 인종색이 강한 집단은 보다 K전략적이라 피어싱, 미용 성형에 저항감이 있고 구 몽골 인종색이 강한 집단은 r전략으로 기울어져서 피어싱, 미용 성형에 저항감이 적은 경향을 보이지 않을까요?

실제로 일본의 큐슈 지방은 구 몽골 인종縄文*색이 강한 지역입니다만 큐슈 남자는 정자의 수가 많다는 결과가 나와 있습니다. 그렇다면 고환도 클 테니까 r전략적이라고 해둡시다.

그런데 한국은 역사적으로나 지리적으로나 아무리 봐도 신 몽골 인종의 색깔이 대단히 강합니다만 r전략적입니다. 그 점이 미스테리라는 겁니다.

누가 피어싱이나 미용 성형에 대한 저항감과 출신지를 조사해 주시지 않겠습니까? 그냥 미용 성형외과를 들러본 사람의 출신이라도 괜찮아요.

번식하는 미스테리③ 국가별 자살률의 수수께끼

최근 지인 중 두 사람이 연속으로 자살했습니다. 둘 다 전혀 자살할 것같이 보이지 않는 성격이었기에 충격을 받았습니다.

그런데 보통 사람이나 똑똑한 사람이나 자살하는 것은 압도적으로 「남성」이 많은 것 같습니다. 앞서 말한 두 지인도 남자였습니다.

예를 들면 문단에서는 아쿠타가와 류노스케, 미시마 유키오, 카와바타 야스나리, 타나카 히데미츠-다자이 오사무와 아리시마 타케오는 동반자살이었기 때문에 제외-는 모두 남성이었고 여성에 대해서는 제 견문이 좁아서 알지 못합니다. 인생에 스스로 종지부를 찍는 「자살」에 남녀의 차이가 있습니까? (33세, 남자)

일본이 일찍이 「자살의 나라」라고 불렸던 시대가 있다는 사실을 알고 계십니까?

일본은 원래부터 자살이 많은 나라로 1901년부터 54년까지 세계 2위부터 5위 안에 언제나 올라 있었습니다. 55년부터 60년까지는 세계 1위. 이것이 「자살의 나라」의 시대인 것입니다.

그중에서도 55년의 자살률은 남성이 31.5-남성 10만 명에 달하는 자살자 수-, 여성이 19.0이었습니다.

과연 남성들이 자살을 많이 하는군요. 더구나 남성이 자살을 많이 한다는 것은 시대와 동서양 구분 없이 나타나는 경향입니다.

적어도 1960년까지의 경향은 남녀를 불문하고 젊은이의 자살이 많다고 설명할 수 있었습니다. 55년의 경우에는 20~24세의 자살이 전체의 14%를, 15~24세로 범위를 확대하면 전체의 36%를 점하고 있습니다.

그런데 이 60년을 마지막으로 일본의 자살 사정은 일변합니다. 젊은이들이 어째서인지 자살을 하지 않게 되었어요. 그래서 자살률은 점점 저하되었고 63년부터 72년에 걸쳐서 남성이 16~19, 여성이 12~14 사이를 오갑니다-고도 경제성장기라서?-

이 시기에 일본을 대신해서 왕좌에 오른 나라가 헝가리입니다. 그리고 체코슬로바키아, 핀란드, 오스트리아, 스웨덴 등입니다.

일본은 그 이후로 왕좌에 오르지 못하게 되었지만 80년대 중반

번식하는 미스테리③ 국가별 자살률의 수수께끼

전후 두 번째의 절정기가 있었습니다. 남성의 자살률이 27~29까지 상승했지요. 다만 여성은 그다지 변화가 없었습니다—버블 경제인가?—

그리고 전후 세 번째의 절정기가 98~99년경에 있었는데 남성의 자살률이 36.5라는 전에 없이 높은 수치를 기록했습니다. 여성은 남성만큼 급격하지는 않았지만 그때까지 수년간 유지해 왔던 11을 전후에서 조금 상승해 14였습니다—불황 때문에?—

현재 자살률은 약간 하향세이긴 하지만 꿋꿋하게 높은 상태를 유지하고 있습니다. 60년 이후의 자살 경향이라면 중, 고등학생 남자가 많다는 사실입니다.

그러면 현대 세계의 자살 사정은 어떨까요? 먼저 『유럽 총계연감—이노구치 타카시 감역, 동양서림, 국내 미출간—』에 나와 있는 각국의 남녀별 자살률을 보도록 하겠습니다—94년 자료—

남성의 자살률 (남성 10만 명 기준)	
핀란드	42.3
오스트리아	32.2
룩셈부르크	30.6
프랑스	30.2
스위스	29.6
덴마크	24.9
일본	23.1
미국	21.9
독일	21.7
캐나다	20.5
스웨덴	19.9
아일랜드	17.9
노르웨이	17.4
아이슬란드	16.4
네덜란드	13.9
스페인	12.2
포르투갈	12.2
영국	11.5
그리스	5.1

여성의 자살률 (남성 10만 명 기준)	
핀란드	11.4
일본	10.9
스위스	10.9
오스트리아	10.4
덴마크	10.2
프랑스	9.8
스웨덴	7.9
독일	7.0
노르웨이	6.8
룩셈부르크	6.4
네덜란드	6.1
아일랜드	5.5
캐나다	5.3
미국	4.5
스페인	3.2
영국	3.1
포르투갈	2.9
아이슬란드	2.9
그리스	1.2

번식하는 미스테리③ 국가별 자살률의 수수께끼

※ 요즘 자살 지망자들의 대화

역시 단연코 남성이 자살을 많이 합니다. 일본에서는 남녀의 차이가 적어서 일본은 여성이 많이 자살하는 나라라고 말할 수 있습니다.

더구나 다른 자료에 따르면 남녀 평균 자살률은 우크라이나 22.6(92년), 러시아 41.5(95년), 헝가리 32.9(95년), 한국 9.5(94년), 홍콩 11.8(95년), 이스라엘 6.5(95년), 쿠웨이트 0.9

(87년), 이집트 0.0?!(87년), 아르헨티나 6.6(93년), 콜롬비아 3.5(94년), 에콰도르 4.7(91년).

미국 흑인은 3.9(60년)-그 이후로 증가 추세-, 일본은 남녀 평균을 내면 16.9(94년)입니다.

자살률에 영향을 미치는 것은 무엇일까요? 자살에는 여러 가지 요인이 있을 수 있고 그것들이 복잡하게 얽혀 있을 것입니다. 하지만 자살률에 가장 영향을 미치는 것은 무엇일까요?

이제는 친숙해진 J. P. 러쉬톤은 이것 또한 r/K전략이라고 말합니다. 말하자면 질보다 양인 r전략에서는 심리적으로 불안감이 약한 쪽으로 진화합니다. 양보다 질인 K전략에서는 불안감이 강한 쪽으로 진화하지요. 따라서 가장 r전략적인 아프리카 인종에게서 자살이 적고 가장 K전략적인 몽골 인종에게서 자살이 많다는 말입니다.

하지만 이 설명에는 커다란 약점이 있습니다. 앞서 열거한 자료에서는 유럽인(코카서스 인종은 r/K전략적으로 아프리카 인종과 몽골 인종의 중간을 유지)의 자살률이 압도적으로 높은 것이

번식하는 미스테리③ 국가별 자살률의 수수께끼

설명되지 않습니다. 그리고 이 자료에는 위도가 높고 자외선이 약한 나라일수록 자살률이 높고, 위도가 낮고 자외선이 강한 나라일수록 (혹은 그런 나라를 출신국으로 할수록) 자살률이 낮은 경향을 보이는데 그 점도 설명되지 않습니다.

거기서 제가 문득 깨달은 것은 멜라닌 색소였습니다. 멜라닌 색소가 자살과 크게 관련되어 있는 것은 아닐까요?

멜라닌 색소와 신경 전달 물질인 도파민, 놀아드레날린은 몸 안에서 만들어지는 경로가 연결되어 있습니다. 실제로 눈의 색소가 적은 아이일수록 내성적인 경향이 있다는 연구도 있습니다. 그렇다는 것은 피부가 하얀 사람은 불안한 경향이 강하다는 말이 될까요?

위도가 높은 지역에서 자살이 많은 것은 이 때문이 아닐까요?

이야기가 길어졌습니다. 남성의 자살률이 높은 이유를 설명하고 있었지요.

일단 생각할 수 있는 것은 남성은 하이리스크 하이리턴(High Risk High Return) 전략이라는 것입니다. 커다란 성공을 거둘 수 있는 반면에 수습할 수 없는 실패로 끝날 때도 있습니다. 자살이 늘어나는 것도 당연할 것입니다.

또 하나는 자살 수단의 차이입니다. 남성은 뛰어내리거나 총을 사용하는 등 살아날 수 없는 방법을 선택하는 데 비해 여성은 약과 같이 살아날 가능성이 많은 방법을 취하는 경향이 있기 때문이랍니다.

제 3 장

출산과 탄생의 수수께끼

저는 세 살배기 남자 아이의 엄마입니다. 며칠 전에 아들에게 '너도 슬슬 엄마 품에서 벗어나야지?'라고 가벼운 농담을 했어요. 그랬더니 아들이 제 어깨에 얼굴을 파묻고 소리 죽여 '우우… 흑흑' 하고 울음을 터뜨리는 거예요. 저는 너무 당황해서 '노, 농담이야. 미안. 미안' 하고 달랬지요.
동물의 새끼들은 둥지나 부모 곁을 떠나는 시기가 빠르다고 들었어요. 도대체 어떤 기분일까요? (34세, 여자)

예전에 세 살배기 아기들이 하나같이 반항기인데 어째서 그런 거냐는 질문에 대답한 적이 있습니다.

원래 세 살이라는 나이는 부모에게 다음 아이(동생)가 생길지도 모르는 미묘한 시기입니다.

여성은 2년 이상 아이에게 수유를 합니다. 수유를 빈번히 계속하는 동안에는 배란이 일어나지 않고 아이도 생기지 않습니다. 하지만 수유를 그치면 배란과 월경 주기가 부활합니다. 따라서 수유를 그만두는 시기인 아이가 세 살쯤 된 무렵에 동생이 생길

가능성이 높아집니다.

아이는 어떻게든 그 사태를 회피하며 부모가 자신을 돌보게 만들려고 합니다. 자신에 대한 부모의 투자를 되도록이면 오래 연장시키려고 하는 거지요. 아이는 투정, 어리광을 부리거나 혹은 이미 뗀 엄마 젖을 졸라대며 부모의 관심을 끌려고 합니다. 동생을 만들지 못하게 한다는 의미로는 아마도 그것이 가장 효과적일 겁니다.

이것이 세 살배기 아이가 반항하거나 어리광 부리고 혹은 젖을 조르거나 질문하신 분의 아드님처럼 '품에서 벗어난다'는 말에 민감해질 정도로 정신이 불안정해지는 현상의 진상이 아닐까 합니다.

그러나 세 살배기 아이 본인의 입장에서도 다음에 태어날 아기는 자신의 혈연 가족입니다. 그렇게 언제까지고 부모의 사랑을 독점하는 것은 좋은 방법이 아닙니다. 그래서 아이는 어느 정도 그렇게 버티고 있다가 이번엔 이해심 많은 형이나 언니로서 행동하도록 전략을 바꿉니다. 아이란 원래 그렇게 프로그램

바람피워서 생긴 아이가 들켜도 괜찮아요

되어 있는 것입니다.

한동안 부모 자식 간의 갈등이 계속되겠지만 일단 아이가 전략을 바꾸면 아이의 괴롭고 외로운 마음은 다소 덜해집니다. 이것도 그렇게 되도록 프로그램되어 있는 것입니다-하지만 걱정 마세요! 자녀분은 그러는 동안 믿음직한 형이나 언니로 변신할 겁니다.-

'인간의 자식은 부모 품을 떠나는 것이 늦지만 다른 동물은 빠르다.'

이것은 한 마디로 그렇다고 말하기 힘든 문제입니다. 품을 떠난다는 개념을 어떻게 정의하는가에 따라 다르겠지만 만약 젖을 떼는 것으로 정의한다면 침팬지나 고릴라 같은 유인원 쪽이 훨씬 늦습니다.

침팬지나 고릴라는 3~4세-인간 나이로는 5~6세-가 되어도 아직 젖을 빨기 때문에 다음 새끼가 생기는 것은 결국 4~5세-인간 나이로 6~7세-무렵입니다. 인간으로 말하자면 형제의 나이 차이가 6~7살이나 나도록 띄엄띄엄 태어나는 것입니다.

 바람피워서 생긴 아이가 들켜도 괜찮아요

그들은 아마도 새끼가 거의 자립하고 난 뒤에 다음 새끼를 낳는 모양입니다. 첫째가 아직 자립하지 않았는데 둘째를 낳는 인간과는 커다란 차이가 있지요. 어째서일까요?

과거에 저는 이렇게 생각해 봤습니다.

유인원은 유동 생활을 하기 때문에 매일 밤 자는 장소가 다릅니다. 암컷은 새끼를 등에 업거나 자신의 배에 매달리게 하고 이동합니다.

그러자면 새끼가 어른을 따라갈 수 있을 정도의 이동 능력을 몸에 익히지 않으면 다음 새끼를 만들 수 없습니다.

반면에 인간은 정착 생활을 하게 되었습니다. 어머니는 아이를 등에 업고 이동할 필요가 없습니다. 따라서 출산 간격을 좁혀서 계속 낳아도 상관없게 된 것입니다.

이 아이디어가 떠오른 것은 1980년대 후반쯤이었습니다. 하지만 아아, 제가 어리석었어요.

80년대 후반은 바로 인간뿐만 아니라 동물 전체의 행동에 대해서 생각하려면 사냥이나 기후 같은 것이 아니라 성에 관한

바람피워서 생긴 아이가 들켜도 괜찮아요

관점이 중요하다고 인식되기 시작하던 시기였습니다. 저는 『외도 인류 진화론』이란 책까지 썼습니다. 그런데 어째선지 「인간의 출산 간격이 짧다」는 현상에 관해서는 이 관점을 도입하는 것을 완전히 잊고 있었습니다. 그래서 옛날 방식으로 논리를 진행하고 말았던 겁니다-그렇다고 해서 그 결론이 틀렸다고는 생각하지 않습니다. 하지만 그때 성에 주목했다면 좀 더 중요한 이유를 알아낼 수 있었을 겁니다.-

그래서 이번 기회에 재도전해 보려고 합니다.

인간 여성의 출산 간격은 어째서 짧은 것인가?

그야 당연하지요!

「외도」라는 것이 우리와 가까운 종인 침팬지나 고릴라에게도 없는 인간 특유의 행동이라는 사실을 알고 계십니까?-제가 외도, 외도하고 말할 때마다 왜 그렇게 외도에 집착하는지 이상하게 생각하셨을 분도 계셨을 겁니다. 그건 이러한 이유가 있었답니다.-

침팬지는 복수의 수컷과 복수의 암컷, 그리고 그들의 새끼들로 구

※ 여러 가지 백(Back)

성된 수십 마리에서 100마리 정도의 집단으로 생활합니다. 암컷
이 발정하면 집단 내의 모든 수컷이 달려들지요. 암컷은 오는 수
컷 안 막는다는 정신으로 그들을 받아들입니다.

그들의 혼인은 난혼적인 형태이기 때문에 수컷과 암컷 간의 관계가 분명치 않습니다. 따라서 「외도」라는 것이 존재하지 않습니다.

고릴라의 경우, 등에서 허리까지의 털이 은색으로 빛나서 실버백이라고 불리는 성숙한 수컷 한 마리가 몇 마리의 암컷과 그 새끼들을 한데 모아 하렘을 형성합니다. 하렘의 구성원들은 시종일관 행동을 24시간 함께하고 수컷은 다른 뜨내기 수컷에게 암컷을 빼앗기지 않도록 완력으로 방어합니다.

따라서 다른 수컷이 암컷에게 수작을 걸 여지도 없고 암컷이 자유롭게 나가지도 못하기 때문에 더 더욱 바람 같은 것은 피울 수 없지요.

더불어 고릴라 수컷의 커다란 몸은 다른 수컷과의 힘겨루기를 통해 진화한 것입니다.

인간은 남자와 여성 사이에 일정한 관계가 있으면서도 자주 개별 행동을 합니다. 정해진 관계 이외의 관계를 맺을 때도 있습니다. 그런 관점에서 볼 때 인간은 극히 변칙적인 영장류입니다.

바로 그 인간 여자가 바람피워서 생긴 아이를 남편의 아이라고 속이고 키우게 할 시기가 문제입니다.

이미 알고 계시는 분들도 계실지 모르겠군요. 그 실행 시기는 남편과의 사이에서 적어도 2명의 아이를 낳은 이후입니다. 그 이유는 아시겠지요? 화가 난 남편이 아내와 사생아를 내쫓는다 해도 자신 혼자서는 다 보살필 수 없는 아이가 둘이나 남는 겁니다. 따라서 사생아까지 덤으로 받아들이는 수밖에 없다는 이야기입니다.

그 외도의 준비 단계에서 아이가 충분히 자란 다음에 다음 아이를 낳는 멍청한 짓을 저질렀다고 생각해 보세요.

바람피워서 아이를 낳았다는 사실을 남편에게 들켰을 때, 그는 망설이지 않고 이렇게 말할 것입니다.

"딴 남자의 애를 데리고 당장 나가! 너 같은 건 없어도 하나도 안 불편해!"

남은 아이들은 이미 손이 많이 가지 않아서 아내가 없어도 전

바람피워서 생긴 아이가 들켜도 괜찮아요

혀 상관없는 것입니다.

그래서 인간 여자는 간격을 두지 않고 계속해서 아이를 낳아서 아이들을 아직 돌봐줄 사람이 필요한 상태로 둡니다.

이 점이 중요한 것입니다!

The end.

바람피워서 생긴 아이가 들켜도 괜찮아요

애 아빠를 모르는 편이 안전?

21년 전, 장남을 가졌을 때 산부인과 대기실에 있던 「생활 수첩」에서 읽은 '같은 동족끼리 죽고 죽이는 것은 인간과 개미뿐이다. 백수의 왕으로 불리는 사자조차 같은 사자를 죽이지는 않는다. 그것은 전두엽이라는 뇌의 구조 때문이기에 이 세상에서 전쟁이 없어지는 일은 없다'라는 문장이 아직도 잊혀지지 않습니다.

전두엽이라는 것이 정말로 전쟁을 일으키는 구조로 되어 있는지 지금까지도 너무나 궁금합니다. 꼭 알려주세요. (50세, 여자)

며칠 전 TV에서 「하마」 수컷이 새끼를 죽이는 것을 보고 의문이 들었습니다. 자손을 남기는 것은 중요한 일인데 왜 새끼를 죽이는 걸까요? 자신 이외의 유전자를 가진 새끼는 배제한다는 의미인가요? 하지만 실수로 자기 새끼를 죽여 버리는 일은 없나요? 사자나 침팬지에게도 새끼를 죽이는 일이 있다고 하던데 새끼를 죽이는 동물과 그렇지 않은 동물이 있는 이유는 뭘까요? (연령불명, 여자)

먼저 처음 질문해 주신 내용 말입니다만, 유감스럽게도 그 내용은 지금은 완전히 시대에 뒤떨어져 있습니다.

'같은 종 안에서 서로 죽이는 것은 인간(+개미)뿐이다.'

이것은 과거에 한창 유행했던 이야기입니다.

하지만 하누만랑구르라는 원숭이와 사자, 침팬지 등 차례차례 새끼 죽이기-남의 새끼를 죽인다는 의미-의 사례가 발견되었습니다. 그래서 그 설은 당연히 부정되었지요.

그것이 70년대 후반 경의 일입니다. 새로운 가설이 일반인에게 퍼지기엔 시간이 걸리는데 21년 전에는 어땠을지는 확신할 수 없군요.

하지만 최근에도 동물학 분야는 아니지만 동족 살해를 하는 것은 인간뿐이라 쓰고 있는 학자가 있기에 아직 갈 길이 멀다고 해야 될 것 같습니다.

어째서 「인간만이 동족 살해를 한다」는 신화가 좀처럼 사라지지 않는 것일까요?

제 생각에는 우리가 '인간만이' 라는 말에 약하기 때문이 아닐까

 애 아빠를 모르는 편이 안전?

합니다. 저 같은 사람이 아무리 입이 닳도록 말해도 아직 안 통하는 걸 보면 그렇게 생각할 수밖에 없어요. 뒤집어 말하자면 인간만이 다른 동물과 다르다는 우월감의 표출이겠지요.

어쨌든 침팬지 같은 동물도 새끼 죽이기뿐만 아니라 야쿠자나 마피아와 똑같은 세력 싸움을 되풀이합니다.

침팬지는 복수의 수컷과 복수의 암컷, 그리고 그들의 새끼들로 구성된 수십 마리에서 100마리 정도의 집단으로 생활합니다.

예를 들어 수컷이 자신의 집단 영역의 경계 근처에 혼자 있다고 생각해 봅시다. 만약 이웃 집단의 수컷이 여럿이서 순찰을 돌다가 그의 존재를 눈치 챈다면 어떻게 될까요?

자신들의 영역에 침입한 것이라면 또 모르겠지만 그들은 역으로 혼자 있는 수컷의 영역에 침입합니다. 그리고 수컷을 폭행하고 죽이거나 재기 불능이 될 정도의 상처를 입힙니다—물론 그에 따른 보복도 존재하기에 정말로 「의리없는 싸움」입니다. —

이와는 대조적으로 암컷은 집단에서 집단으로 쉽게 이동하며 공격받기는 커녕 수컷들에게 큰 환대를 받습니다. 다만 아직 젖을 떼지 않은 새끼를 데리고 있으면 무서운 일이 일어납니다.

사실 포유류 수컷이 새끼 죽이기를 하는 본질적인 이유는 여기에 있습니다.

포유류 암컷은 보통의 경우 새끼에게 젖을 주는 한 발정하지도 않고 배란도 이루어지지 않습니다. 하지만 젖먹이 새끼를 죽여서 젖을 빨 존재가 없는 상태로 만들면 금세 발정하지요. 수컷은 그렇게 해서 자신의 새끼를 배게 하려는 것입니다.

새끼 죽이기는 바로 자신의 유전자를 남기기 위한 행위입니다. 「남의」 유전자가 아니라 「자신의」 유전자 말입니다-다만 침팬지의 경우, 데리고 있는 새끼가 암컷이라면 그 새끼는 수컷들의 미래의 교미 상대가 됩니다. 따라서 놓아주는 일도 있습니다.-

실수로 자기 새끼를 죽이는 일은 없냐고 물어보셨지요? 그렇습니다. 바로 그 점이 포인트입니다!

결론부터 말씀드리겠습니다.

실수로 자기 새끼를 죽일 가능성이 있는 사회나 상황에서는 아이러니하게도 바로 그런 일로 인해 새끼 죽이기가 방지됩니다.

실수로 자기 새끼를 죽이지 않을 것처럼 보이는 사회나 상황에서는 오히려 새끼가 살해당합니다.

자신의 새끼를 죽이지 않는 사회의 구체적인 예를 들어보지요.

사자는 몇 마리의 수컷이 서로 혈연관계가 있는 몇 마리의 암컷과 그 새끼들을 거느리고 프라이드(Pride)라고 불리는 집단을 만듭니다.

청년이 된 수컷들은 이윽고 서로 집단을 나가지만 그들은 혈연관계가 있는 암컷들의 자식입니다. 실은 형제나 사촌과 같은 친척인 것입니다.

그리고는 늙고 약해 보이는 수컷의 프라이드를 찾아서 습격하고 강탈합니다. 새끼 죽이기는 바로 그 직후에 일어납니다.

젖먹이 새끼는 전 수컷의 새끼가 틀림없기 때문에 죽여야 합니다! 만약 죽이지 않는다면 어떻게 되겠습니까? 자기 새끼가 보고 싶어도 그들이 젖을 뗄 때까지 기다려야 한다니까요!

이러한 과정에서 볼 때 그들이 나온 집단의 어른 수컷들도 실은 혈연관계가 있다는 사실을 알 수 있습니다.

애 아빠를 모르는 편이 안전?

※ 자식이 부모를 죽이는 일본의 호랑이(타이거즈) 사회

그런데 여기서 이야기가 조금 길어지겠습니다. 용서해 주시길.
탄자니아의 세렝게티 평원에서는 강탈한 수컷 집단의 절반 가
까이가 혈연이 없는 자들만으로 구성되어 있습니다. 무리에서
떨어져서 방랑 중인 젊은 수컷이 비슷한 처지의 수컷과 의기투
합한 걸까요?

아무튼 여기서 우리는 동물 행동의 본질에 직면하는 놀랄 만

 애 아빠를 모르는 편이 안전?

한 사실을 목격하게 됩니다.

혈연관계가 없는 수컷들의 집단은 3마리를 넘는 일이 없습니다.

한편, 혈연관계가 있는 집단의 경우에는 3마리를 넘는 경우가 있습니다.

어째서라고 생각하십니까? 어째서 3마리일까요?

힌트:하나의 프라이드에서 동시에 발정하는 암컷의 수는 3마리 정도입니다.

어때요? 이제 아시겠습니까?

즉, 집단 구성원이 혈연관계가 있는 수컷들이라면 만일 암컷이 3마리밖에 발정하지 않아서 자신에게 교미 기회가 돌아오지 않더라도 그걸로 끝나는 것이 아닙니다. 대신 형제나 사촌이 교미해서 유전자를 남김으로써 나름대로 성과가 올라가는 것입니다.

그런데 수컷들 간에 혈연관계가 없는 경우에는 자신이 교미하지 못하면 그걸로 끝이지요. 그래서 정원 3명이라는 결과가 나오는 것입니다.

이번에는 자신의 새끼를 실수로 죽여 버릴지도 모르는 사회의

애 아빠를 모르는 편이 안전?

예를 들어볼까요?

그것은 바로 침팬지 사회입니다.

그들의 사회에서는 「집단 내」에서 새끼 죽이기가 일어나는 일이 있기는 해도 많지 않습니다.

그 가장 큰 이유는 암컷이 어떤 수컷과도 관계를 가진다는 것입니다.

새끼의 아버지를 알 수 없기에 수컷은 자칫하면 자기 새끼를 죽여 버리게 되는 겁니다.

새끼 죽이기는 겨우 그런 이유로 방지되는 것입니다.

The end.

애 아빠를 모르는 편이 안전?

제가 아이를 출산할 때, 만월이나 사리*처럼 만조일 때 태어나는 아기가 많다는 사실을 처음 알았어요.

그리고 진통은 그야말로 「파도」 같다는 느낌이 들더군요. 그 이후로 아기와 조수는 어떤 관계가 있는지 궁금해졌습니다. 가르쳐 주세요. (33세, 여자)

벌써 20년도 넘은 일입니다. 저는 나고야의 입시학원에서 만나 같은 대학에 들어간 친구 두 명과 함께 토호쿠東北 일주 여행을 떠났습니다. 말할 것도 없이 극도의 무전여행이었지요. 그런 저희가 아오모리 현의 동해 근처에 위치한 후카우라深浦라는 항구 마을의 민박에 투숙했을 때의 일입니다.

저녁 식사까지는 아직 시간이 있어서 항구를 구경하러 갔습니다. 항구에는 바다 수십 미터 바깥에 있는 작은 섬까지 이어지는 콘크리트 길이 있었습니다.

"와아, 굉장하다. 가보자!"

하지만 섬을 한 바퀴 돌았을 때, 저는 패닉 상태에 빠지고 말았습니다.

밀물이 차 있을지도 몰라! 그 콘크리트 길이 이미 완전히 물에 잠겨서 우리는 섬에 홀로 남겨지게 된 것은 아닐까? 우리는 치타한知多半 섬의 해안으로 조수가 순식간에 밀려들어 오는 모습을 수도 없이 목격했잖아?

다른 두 사람도 같은 생각이었습니다. 우리는 서둘러서 발걸음을 돌렸지요.

그런데 밀물은 차 있지 않았습니다. 그러기는커녕 전혀 변화가 없었어요. 나중에 안 사실이지만 동해는 거의 막힌 바다이기 때문에 조수 간만의 차가 조금밖에 안 난답니다.

사리 때의 조수 간만의 차는 토호쿠 이북의 태평양이 1~1.5m, 토카이에서 큐슈, 난세이 제도에 걸쳐서는 1.5~2m. 그리고 일본에서 가장 차이가 큰 곳은 아리아케 해有明海로 약 5m입니다 —각 지역 모두 만의 안쪽에 있을수록 차이가 더욱 커집니다.— 한편, 동해 쪽은 사리 때조차 20~40㎝입니다.

참고로 세계에서 가장 조수 간만의 차가 큰 곳은 캐나다 남동

출산과 달의 기울기

부의 펀디만 안쪽으로 사리 때는 그 차가 15m에 달합니다. 영국 서해안, 프랑스 북남해안, 한반도 서해안도 마찬가지로 10m 정도입니다―텐도 요시미*의 '바다가 갈라진다'는 바로 이 때문이죠.―

그런데 사리나 조금*이 어떤 현상인지 알아보자면 주로 달과 지구, 태양의 위치 관계에서 유래합니다. 사리는 초승달과 보름달에, 조금이 상현과 하현달에 관련이 있습니다.

우선 초승달일 때, 달은 태양과 지구 사이에 존재합니다.

그렇게 되면 달과 태양의 인력이 서로 힘을 합쳐서 작용하게 됩니다. 따라서 그 직선상에 있는 상소의 수위가 높아지고 조수 간만의 차가 커지는 것입니다―바닷물은 반응이 늦기 때문에 사리는 실제로는 초승달의 1~2일 후가 됩니다.―

보름달일 때는 지구가 달과 태양 사이에 존재합니다. 그때도 역시 달과 태양의 인력이 한꺼번에 작용해서 조수 간만의 차가 커집니다. 실제로 사리가 보름보다 1~2일 늦어지는 것도 같은 이치입니다.

그런데 상현, 하현달일 때는 달과 태양이 지구를 사이에 두고 직각으로 늘어서서 각각의 인력이 서로 반대 방향으로 작용합니다. 따라서 바다의 수위는 전체적으로 비슷하게 낮고 조수 간만의 차가 작아지는 것입니다.

그리고 달은 29.5일에 걸쳐 차고 이지러짐을 반복하기 때문에 그동안에 사리가 2번-초승달에 1번, 보름달에 1번-, 조금이 2번-상현달에 1번, 하현달에 1번- 나타나게 됩니다.

조수에 미치는 영향력은 달이 태양보다 2배나 더 크다는 말이지요.

저는 달과 태양의 역학적 효과가 단순히 조수 간만에 한정된 것은 아니라고 생각합니다.

바다 생물이 조수 간만에 관련된 행동을 진화시켜 온 것은 명백한 사실입니다. 인간이 달빛이 충분해서 밤에 활동하기 편리한 보름과 그 전후일에 활동이 높아지도록 진화한 것도 신기한 일이 아닙니다. 실제로 여성의 월경 주기는 달의 공전 주기에 따라 진화했습니다.

 출산과 달의 기울기

　그것은 아마 이런 관점에서 왔을 겁니다. 미국의 정신의학자 A. L. 리버는 이런 연구를 하고 있습니다.

　월령月齡* 과 살인 .

　저서 『재미있는 달 이야기-원제 The Lunar Effect, 아놀드 리버 저, 박희준 역, 책 세상, 국내 출간-』에 의하면 그는 우선 플로리다 주 마이애미와 그 주변에서 1956년부터 70년까지 일어난, 발생 시각이 정확하게 알려진 1,887건의 살인 사건을 조사했습니다.

　그러자 발생률이 보름에 가장 높다는 사실을 알 수 있었습니다. 평소의 30% 이상이나 많은 살인 사건이 일어난 것입니다.

　발생률이 두 번째로 높은 때는 초승달의 직후로 평소의 20%를 능가할 정도였습니다.

　아놀드 리버는 장소를 바꿔서 이리호반 연안의 클리블랜드 인근 지역에서도 조사했습니다. 1958년부터 70년까지 일어난 살인 사건은 2,008건이었습니다.

　그러나 살인 사건이 가장 많이 일어난 때가 보름의 3일 후로 나

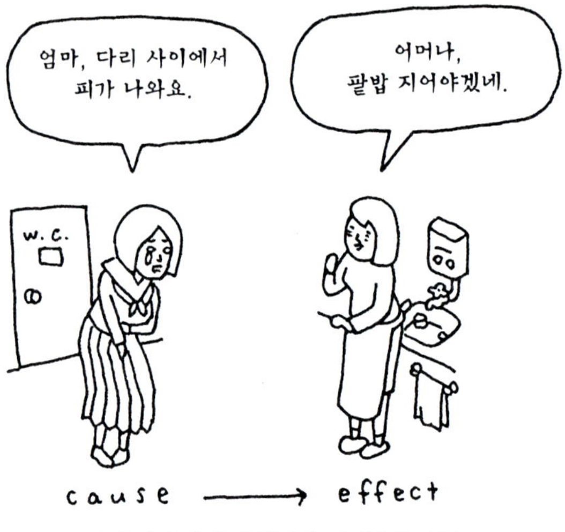

※ 달과 관련된 원인 관계가 아리송한 대화

타나 플로리다와 다른 결과가 나왔습니다. 다만 자료를 모두 3일 전으로 이동시키면 플로리다와 비슷한 패턴이 됩니다.

리버는 이 「오차」에 대해 이렇게 설명하고 있습니다.

'사리가 보름, 초승달보다 1~2일 늦는 것과 같은 현상으로 인

간의 몸에 있는 수분-바이오 타이드-이 늦게 반응하는 것이
다. 그 오차가 위도에 따라 다르다.'

 당연히 이를 비판하는 연구가 나왔습니다. 주제가 달이라는
이유만으로 오컬트, 사기라고 과잉 반응하는 사람들이 있어서
그런 비판이 더 많이 나왔습니다.

 다만 그런 연구들 중에서는 살인의 발생 시각이 아닌 사망 시
각을 이용하는 결정적인 실수를 범하거나-사건 발생부터 사망까
지는 상처 정도에 따라 제각각이기 때문에 정확성이 크게 떨어
집니다-, 아놀드 리버가 불확실해서 쓸 수 없다고 판단한 자료
를 이용해서 아놀드 리버가 말하는 패턴과 전혀 다르지 않느냐
고 지적하는 등 엉터리가 많았습니다.

 리버는 『재미있는 달 이야기』* 증보판에서 새로 1장을 첨가해
서 반론했으나 원래부터 있던 장을 정정한 곳은 거의 없습니
다-물론 그를 지지하는 연구도 있습니다.-

 그리고 이 증보판에는 놀랍게도 이 책의 번역을 맡은 수학자
후지와라 마사히코 씨가 『출산에서의 달의 리듬』이라는 제목의

독자적인 연구를 실었습니다.

후지와라 씨는 도쿄 타치가와 시와 기후 현 게로 정町에 있는 조산원의 협력을 얻어서 총 2,531건의 자연 분만을 통한 출산에 대해 조사했습니다—조사 대상이 큰 병원이 아니라 조산원인 이유는 진통촉진제 사용과 같은 인위적인 작용으로 인한 출산 사례가 들어가지 않도록 하기 위해서입니다.—

월령과의 관계를 보면 출산이 가장 많은 날은 초승달과 보름달 어느 쪽도 아니었습니다. 하지만 초승달과 보름달 각각 하루 전과 3일 후에 많고 5일 전과 5일 후에 적게 나타나서 초승달과 보름달 주변에 굉장히 비슷한 패턴이 보였던 것입니다.

결과는 총계적으로 검토되어서 결코 우연이 아니라 뭔가 이유가 있다는 것을 알 수 있었습니다.

이 연구에 따르면 출산이 가장 많은 날이 유감스럽게도 초승달, 보름달과 일치하지 않습니다—일치한다는 연구도 있습니다.—

하지만 출산과 월령 사이에는 일관적인 패턴이 나타납니다. 역시 달과 출산 사이에는 뭔가 인과 관계가 있지 않을까요?

어쩌면 아이가 만유인력에 의해 쑥 나올지도 모르잖아요? 

언제 시도할 것이냐, 그것이 문제로다

주변을 둘러보면 어머니와 자식이 태어난 달이 같거나 비슷한 경우가 많은 것 같습니다. 이렇게 말하는 저도 어머니가 1월생, 저는 12월생, 딸은 1월생이라 모두 가깝습니다. 남편은 8월이고 시어머니도 8월입니다.
역시 모녀 간에는 배란 시기-임신하기 쉬운 계절-가 비슷한 걸까요? (37세, 여자)

여성이 배란하기 쉬운 시기에 대해서 이야기하기 이전에 먼저 남성이 정자를 많이 만드는 계절이 있다는 이야기를 하지요.

남성의 테스토스테론 수치가 계절에 따라 변동한다는 사실을 알고 계십니까? 당연히 가장 높아지는 절정기가 있습니다. 그게 언제라고 생각하세요?

-겨울이 끝나면 활동 개시라는 의미에서 절정기는 봄.

-아니, 「한여름의 사랑」이라는 말이 있을 정도니까 여름은 사랑의 계절이다. 따라서 절정기는 여름이다!

정답은 가을. 그것도 늦가을입니다. 정자의 수도 그에 호응해서 많아지고 실제로 아기도 그 무렵에 생기기 쉽습니다. 따라서 아기는 다음 해 여름경에 많이 태어납니다. 실제로도 그렇다는 결과가 나와 있지요.

하지만 어째서 가을에 아기를 가져서 여름에 태어나는 걸까요? 여름에 태어나면 식량이 충분합니다. 어머니는 아기에게 확실하게 젖을 줄 수 있습니다. 수렵 · 채집을 하던 시대에는 식량을 손에 넣기 쉽고 어려운 정도가 계절에 따라 크게 달라졌습니다. 그 무렵에 적응한 성질이 아직까지 남아 있는 것이겠지요.

반면에 테스토스테론 수치가 낮은 것은 봄입니다. 봄에는 아이가 생기기 어려워서 다음 겨울에는 아기가 잘 태어나지 않습니다. 이 또한 이치에 맞는 이야기입니다. 겨울은 본래 식량이 부족한 경우가 많기 때문입니다.

또한 남성의 테스토스테론 수치는 하루 중에서도 변화합니다. 아침에 일어났을 때가 가장 높고 이후로는 계속 감소합니다 -이 현상은 흔히 말하는 아침×× 와는 관계없습니다.-

언제 시도할 것이냐, 그것이 문제로다

하지만 미국에서 아기가 많이 태어나는 계절과 위도와의 관계를 조사했는데 여름에 많이 태어난다는 결과가 나오지 않았습니다.

고위도 지방에서 출산이 가장 왕성한 시기는 2~3월. 출산이 가장 저조한 시기는 10~11월이었습니다.

중위도 지방에서는 가장 왕성한 시기가 2~3월이지만 9월에도 다시 왕성해집니다-2~3월만큼 현저하지는 않음.- 저조기도 마찬가지로 10~11월입니다.

그리고 저위도 지방에서는 가장 저조한 시기가 여름입니다-가장 왕성한 시기는 확실하지 않습니다.-

어떤 경우에도 여름에는 출산이 왕성하지 않습니다.

아마도 남성은 여름에 아기가 태어나도록 가을에 열심히 정자를 만들 겁니다. 하지만 아무리 노력해도 여성이 배란하지 않으면 아무런 결과도 나오지 않는 것이 현실입니다. 지금까지 알아본 자료들이 의미하는 것은 여성이 자신에게 유리한 계절에 아기를 낳기 위해서 어떤 계절에는 배란을 많이 하고 어떤

언제 시도할 것이냐, 그것이 문제로다

계절엔 하지 않는다는 것, 남성의 노력과는 별로 관계가 없다는 것, 주도권은 어디까지나 여성에게 있다는 것일지도 모릅니다.

그런데 고위도 지방의 여성은 출산 절정기인 2~3월부터 9개월을 거슬러 올라가서 5~6월경에 배란을 많이 합니다.

출산 저조기가 10~11월이라는 것은 거슬러 올라가서 1~2월경에 별로 배란하지 않는다는 말이지요.

중위도 지방에서도 출산이 가장 왕성한 시기는 고위도 지방과 같기 때문에 역시 5~6월에 배란을 많이 합니다.

두 번째 절정기인 9월과 연결되는 시기는 그 이전 해의 12월인데 이것은 아마도 여성이 크리스마스처럼 들뜨기 쉬운 때에 예정 외의 배란을 하는 현상 때문이 아닐까 생각합니다—자세한 것은 제 저서인 『작은 얼굴·작은 턱·도톰한 입술』을 읽어주세요.—

출산 저조기가 고위도 지방과 똑같이 10~11월경이라는 것은 역시 거슬러 올라가서 1~2월경에는 별로 배란하지 않는다는 이야기입니다.

기온의 차가 비교적 적은 저위도 지방에서도 조금이라도 더 더울 때 출산이 왕성하지 않은 이유는 더위가 너무 심하기 때문에 아기를 낳지 않는 것이 좋겠다는 생각에서겠지요.

그렇다면 고위도, 중위도 지방에서 2~3월에 출산이 줄을 잇고 10~11월에는 별로 출산하지 않는 것에는 각각 어떤 의미가 있는 걸까요?

하지만 이번에야말로 식량 문제입니다. 원래 2~3월은 앞으로 식량이 풍부해지는 계절, 10~11월은 앞으로 식량이 부족해지는 계절이기 때문이겠지요—「여름에 식량이 풍부해서」보다 이쪽이 더 이치에 맞아떨어지지 않습니까?—

다만, 출산의 계절성에는 지역, 시대 등에 따라서 놀랄 만큼의 차이가 있습니다. 예를 들어 같은 지역이라도 시대에 따라서 완전히 다를 때도 있답니다. 이것은 현대 미국에서 볼 수 있는 현상에 대한 하나의 설명에 지나지 않습니다.

그런데 질문하신 어머니와 딸, 손녀가 같은 계절에 태어나기 쉬운 이유는 무엇일까요?—만약 정말로 그런 경향이 있다면 말

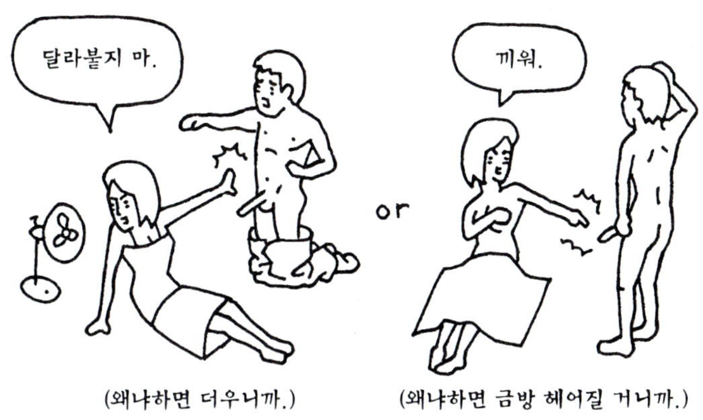

입니다.-

어쩌면 그건 어떠한 전략일지도 모르겠네요. 식량 문제와는 관계없이 모계로 전해 내려오는 일종의 유전적 전략 말입니다.

남편 분과 시어머니가 같은 8월에 태어난 것도 뭔가의 전략일지도……

다만, 사실대로 고백하자면 저도 그 이상은 모른답니다. 정말

죄송해요! 대신에 여기서 대답이 될지 모르는 이야기를 해드리겠습니다.

계절에 따라 유행하는 병이 있습니다. 임신하자마자 태아가 이 병에 걸리면 유산이라는 결과에 이를 수도 있습니다. 그렇기 때문에 그로부터 약 9개월이 지난 계절에는 아이가 잘 태어나지 않습니다.

이것은 미우라 테이지라는 의학자가 제출한 「유행성 계절성 불임증」이라는 가설입니다.

계절에 따라 유행하는 병은 예를 들어 일본뇌염이 있습니다. 이 일본뇌염을 예로 들어 구체적으로 설명해 보지요.

일본뇌염은 모기가 바이러스를 옮기기 때문에 유행하는 계절이 여름입니다. 그때 어머니 자신조차 임신을 자각하지 못할 정도로 극히 초기의 태아가 바이러스에 감염되어 유산이라는 결과로 끝날 때가 있습니다-이때 모체는 걱정없습니다. 유산 사실도 물론 깨닫지 못합니다.- 어쨌든 그 일로 인해서 다음해 5~7월에는 출산이 감소됩니다.

그런 관점에서 발전하면 다음과 같은 설명이 가능해집니다.

감염되어도 저항력이 강해서 유산되지 않고 무사히 살아서 태어나는 태아도 있습니다. 그 아기가 만약 여자라면 자신이 아기를 낳을 때가 되었을 때 유리해집니다. 왜냐하면 이미 일본뇌염에 대한 항체가 만들어졌기 때문에 다른 여성들과는 달리 일본뇌염이 유행하는 계절에 임신 초기의 태아를 유산으로 잃어버리는 일이 드뭅니다. 따라서 일반적으로는 출산이 적은 시기인 다음 해 5~7월에도 다른 시기와 별다름없이 아기를 낳을 수가 있습니다.

그렇다는 것은 일본뇌염이 만연하고 있던 시대에는 어머니가 일본뇌염이 유행한 지 약 9개월 뒤인 5~7월에 태어났다면 항체를 가지고 있을 가능성이 높고 아기가 똑같이 5~7월에 태어날 확률이 누구보다도 높을 것입니다. 그리고 어머니가 5~7월 이외에 태어났다면 아기는 5~7월에 태어날 가능성이 적을 것입니다-실제로도 그렇습니다.- 일본뇌염이라는 계절에 따라 유행하는 병에서 이런 의론이 나온 것입니다.

이 가설에 의하면 지역, 시대로 인해 출산의 계절성이 놀랄 정도의 차이가 나는 것도 설명될 겁니다. 계절에 따라 유행하는 병이 유행하는 방식은 각각 다르니까요.

언제 시도할 것이냐, 그것이 문제로다

속도위반 결혼으로 딸을 낳는다?

최근에 속도위반 결혼이 많습니다. 잘 보면 유명인 중에서는 키무라 타쿠야, 쿠도 시즈카 부부, 조금 최근에는 이즈미 모토야*和泉元彌 부부가 있지요. 양쪽 모두 딸이 태어났습니다. 제 친척 중에서도 속도위반 결혼이 두 쌍 있는데 양쪽 다 여자애였습니다. 속도위반 결혼으로 아들이 태어났다는 이야기는 별로 들어보지 못했네요.

속도위반 결혼과 딸을 낳는 것이 뭔가 인과 관계가 있는 걸까요? 저는 평범하게 결혼해서 아들이 있습니다. (38세, 여자)

옛날에 『속도위반 결혼』이라고 하면 조금 쑥스러운 느낌이 들었습니다. 결혼 전에 애가 생기다니요. 그래서 모두들 부리나케 호적에 올렸지요. 속도위반 결혼이란 사실을 들키지 않고 넘어간 경우도 많았을 겁니다.

그런데 요즘에 와서는 속도위반 결혼이 당연한 일이 되었습니다. 뿐만 아니라 '결혼하자. 언제가 좋을까?' '뭐, 애가 생긴 다음에 해도 괜찮겠지……?' 라는 사고방식이 보편화되었습니다.

2001년은 역사상 최대의 속도위반 결혼의 해였다고 합니다. 속도위반 결혼이 부끄럽지 않게 된 것도 있지만 이렇게 「애가 생기고 나서 결혼」하는 사람들이 급증했기 때문일 겁니다.

저는 속도위반 결혼에서 여자 아이가 태어나기 쉬운 경향이 있는 것이 당연하다고 생각합니다. 왜냐하면 젊은 여성은 딸을 낳기 쉽기 때문입니다!

예전에 '고령 출산에서 아들을 많이 낳는 이유는 무엇입니까?' 라는 질문에 답변을 드린 적이 있습니다.

미국 미시건 대학의 B. S. 로우는 19세기 중반 스웨덴의 7개 구역에서 여성의 출산 기록을 조사했습니다.

그 결과, 25세 미만의 여성이 낳은 아기의 성비는 여아 100대 남아 89.

25세~30세 여성의 경우에는 여아 100대 남아 98.

그리고 35세 이상인 경우에는 여아 100대 남아 120이었습니다.

여성은 젊었을 때는 여아를 낳기 쉽고 연령과 함께 남아를 낳을 비율이 올라가는 경향이 있습니다.

그 이유가 무엇이라고 생각하세요?

젊었을 때는 출산에 있어서 앞으로도 갈 길이 멉니다. 그래서 가능하면 에너지를 절약해서 낳기를 원합니다.

그렇다면 여자 아이를 낳는 편이 좋습니다. 여아의 태아는 원래부터 몸이 작고 여자애라면 작게 낳아도 장래에 번식이 불리해지는 일도 없습니다. 남자는 몸이 작으면 인기가 없을 가능성이 크지만 여자 아이의 경우는 그렇지 않은 것입니다.

그런 반면에 나이 든 여성의 경우, 출산의 여정에 슬슬 끝이 보입니다. 앞날을 위해서 에너지를 절약할 필요가 없습니다. 힘을 아끼지 않고 한꺼번에 투자해도 됩니다.

그렇다면 남자 아이를 낳는 편이 좋습니다. 남자는 몸이 큰 것이 매력 중에 하나입니다. 따라서 투자하면 한 만큼 거둘 수 있다는 말입니다.

아무튼 여자는 젊을 때 여자 아이를 낳기 쉽습니다. 속도위반 결혼으로 생긴 아이도 그 여성에게는 아마 첫 아기겠지요.

그러면 여성이 젊을 가능성이 높습니다. 따라서 여자 아이일

속도위반 결혼으로 딸을 낳는다?

확률이 높아지는 것이 아닐까요?

그리고 속도위반 결혼으로 딸이 태어나기 쉬운 이유, 그 두 번째.-이게 본론입니다!-

여성은 미혼모가 될지 모르는 상황에서는 딸을 임신하기 쉽습니다!

미혼모는 남성에게서 원조가 없기 때문에 경제적으로 풍요롭지 못한 경우가 많습니다. 영양 면에서도 아기에게 별로 투자할 수가 없지요. 하지만 남자 아이와는 달리 여자 아이는 돈을 많이 들이지 않고 키워도 괜찮습니다. 그래서 여자 아이를 낳게 되는 것입니다.

속도위반 결혼은 임신으로 인한 결혼입니다. 결과적으로 여성은 미혼모가 되지 않습니다. 하지만 여성이 아기를 가졌을 때는 미혼모가 될 수밖에 없는 상황 그 자체였던 것입니다!

속도위반 결혼으로 여자 아이가 태어나기 쉬운 이유, 그 세 번째.

독일의 U. 뮐러는 「명사록」에 주목했습니다.

그는 미국의 명사록 『아메리칸 후즈 후-American Who's Who-』

속도위반 결혼으로 딸을 낳는다?

에서 1860년부터 1939년 동안 태어난 남자 명사 1,014명에 대해 조사했습니다. 그러자 그들의 자식 수의 총계는 아들이 1,180명, 딸이 1,064명이었습니다.

여자 대 남자 성비는 1.109로 나타났습니다.

뮐러는 이 숫자를 그 시대 미국의 성비-출생 시의 성비- 1.06과 비교했습니다.

그러자 1.109라는 수치가 놀라운 수치라는 사실을 알 수 있었습니다. 통계적으로 볼 때 이러한 차이는 우연이라고 해도 200번에 1번 정도밖에 나오지 않는 너무나 드문 경우였습니다. 뭔가 확실한 이유가 있어서 이런 결과가 나왔다고 생각할 수밖에 없었습니다-즉 이 경우에는 남성이 명사로 불릴 정도로 높은 지위에 있다는 것이 되겠지요.-

더구나 1.06은 출생 시의 수치인 데 비해 명사의 자식 성비는 어느 정도 자란 이후의 것입니다. 남자는 출생 시에는 여자보다 조금 크지만 그 이후의 사망률이 여자보다 높아서 번식할 수 있는 연령이 되었을 때의 성비는 대체로 1대 1이 됩니다.

이 여성(백인)

20대에 백인
남성과 결혼

두 아이를
낳는다.

그러나 남편과 사별

그리스의
선박왕과 결혼

그러나
아이를 못 낳고
이혼했다.

더구나 하나 있던
아들은 비행기
사고로 사망

※ Q:이 여성은 누구일까요?

1.109와 비교해야 할 것은 사실 1.06보다도 1에 가까운 수치란 말이 되겠지요. 그렇다면 명사에게 아들이 많다는 것은 이러한 수치보다도 훨씬 현저하게 나타나는 현상인 것입니다.

지위가 높은 남자에게 아들이 많은 이유는 무엇일까요?

그보다도 애당초 그 남자의 지위나 재산을 물려받았을 때 번식을 위해 보다 유리하게 이용할 수 있는 것은 딸일까요? 아들일까요?

정답은 아들입니다.

여성은 생산할 수 있는 자식의 수에 제한이 있지만 남자는 거의 무한대입니다. 아들은 물려받은 지위나 재산을 이용해서 마구 번식할 수 있는 것입니다.

따라서 상대방 남자의 지위가 높은 경우, 여성은 아들을 낳아야 한다는 것입니다.

그런데 문제는 속도위반 결혼입니다. 속도위반으로 결혼하는 남자의 지위가 과연 높겠습니까?

문제의 본질은 자식의 성별을 골라 낳는 데에 있는 것입니다.

즉, 남자는 X정자와 Y정자를 가지고 있어서 난자(성염색체는 언제나 X)가 X, Y 어느 쪽의 정자로 수정되는가에 따라서 성이 결정된다는 말입니다―물론 XY가 남자, XX가 여자― 이 자체로만 본다면 태어나는 아이의 성에 대해서 남자가 압도적인 결

속도위반 결혼으로 딸을 낳는다?

정권을 가지고 있다고 해도 과언이 아닙니다.

그런데 그렇지 않답니다. 아이의 성을 쥐고 있는 것은 여자이고 남자에게는 그런 능력이 거의 없는 것처럼 보입니다. 더구나 여자는 그런 조작을 전부 무의식 중에 행하고 있습니다.

여자는 미혼모가 될지도 모르는 상황에 처했을 때, 그 불안한 감정이 몸에 작용합니다. 질은 배란기에 산성을 띠거나 알칼리성을 띠지만 산성을 띠는 시기에는 왠지 섹스하고 싶어집니다. 여성은 이런 방법으로 자식의 성별을 조작하는 것입니다-왜냐하면 X정자는 산성에 강하고, X정자로 수정된 아이는 여자애입니다.- 그리고 저는 최근에 여성 중에 이런 「고수」가 있다는 사실을 알게 되었습니다.

그녀(흑인)는 「20대」의 나이에 백인 남성과 결혼해서 딸을 셋 낳았지만 이혼했습니다. 「30대」가 되자 노르웨이의 「선박왕」과 결혼하여 이번엔 아들을 둘 낳았습니다. 하지만 이번에도 이혼했지요. 그리고 처음에 낳았던 딸은 어째서인지 다른 딸과 아버지가 다릅니다.

전부 이론대로입니다. 그것도 상대방을 바꿔가며 자식에게 유전적인 다양성을 주는 것을 잊지 않았군요. 멋져요! 최고입니다! 이 훌륭한 여성은 과연 누굴까요?

힌트♪ 마이클 잭슨이 「어머니」라고 부르며 흠모하고 있답니다.

속도위반 결혼으로 딸을 낳는다?

프로 스포츠 선수를 낳는 비결

일본의 프로 스포츠 선수들이 태어난 달을 조사해 본 결과, 시즌이 시작되는 4~5월이 많다는 기사가 최근 아사히 신문에 실렸습니다.

태어난 달의 차이는 중학생 무렵이 되면 사라진다고 들은 적이 있습니다만 성인이 되어서도 뭔가 영향이 있는 건가요? (34세, 여자)

태어난 달로 인한 문제는 아무래도 사라지지 않는 모양이네요.

실은 이미 1994년에 네덜란드 암스테르담 대학의 심리학자 아트 도딩크가 네덜란드와 영국의 프로 스포츠 선수들이 태어난 달을 연구하고 있었는데 일본의 경우와 완전히 같은 결과가 나왔습니다.

양국의 프로 축구 리그 선수들의 태어난 달을 조사해 본 결과, 학년의 시작과 동시에 시즌의 시작인 달이나 그 다음 달에 태어난 선수가 압도적으로 많았습니다. 1년을 3개월씩 4그룹으로 나누자 학년의 시작과 가장 가까운 그룹의 선수 수는 가장 먼 그룹의 약 2배를 능가했습니다—다만 네덜란드의 학교 사정은 복잡하기 때문에 일이 그렇게 간단하지는 않을 거라고 생각합니다.—

아무튼 영국 프리미어 리그의 결과는 다음과 같습니다.—총 761명—

태어난 달	(명)
9~11월	288
12~2월	190
3~5월	147
6~8월	136

—『네이처』 368권, 592 페이지—

베컴(5월 20일생)이 이 안에 들어 있는지 궁금하시겠죠?

실은 이 논문이 발표된 것은 94년이지만 자료는 93년의 연감에 의한 것입니다. 베컴은 16살에 맨체스터 유나이티드와 계약해서 92년 17세의 나이로—후보였지만— 1군에 데뷔했습니다. 그가 프리미어 리그 92~93년 시즌의 선수로서 포함되었는지는 확신하기 어렵군요.

아무튼 이 '태어난 달은 학년 초가 유리하다' 라는 현상에서는 이런 추측이 가능합니다.

미국에서 대형 리그의 시즌 개시는 3월 말이지만 선수의 탄생월은 9~11월이 많습니다. 누가 이것을 조사해 주시지 않겠어요?

말씀하신 아사히 신문의 기사를 찾아봤더니 2003년 4월 19일의 「나의 시점·위크엔드」라는 코너였습니다. 필자는 사토 카츠후미 씨라는 문부과학성의 직원이었습니다. 그도 역시 방금 소개한 논문을 바탕으로 직접 조사했던 것입니다.

일본의 프로야구와 J리그(J1) 선수의 탄생월을 조사해 보니 4~6월생이 많고 그중에서도 5월이 1위였습니다. 6월이 4월과 비슷한 수준이고 그 이후는 조금씩 감소해서 2월이 가장 저조했습니다. 그러나 3월에는 조금 상승했습니다-3월이 아니라 2월이 최저인 것은 아마도 일수가 적기 때문이겠지요.-

5월생은 놀랍게도 2월생의 3배였습니다. 어째서 태어난 달이 학년 초아 가까울수록 스포츠 세계에서 성공하는 것일까요?

말할 것도 없이 그것은 시작하는 시기에 의한 차이입니다.

같은 나이라도 어릴수록 태어난 달에 의한 차이가 크지요. 초등학교에 입학할 때는 태어난 달이 학년 초와 가까운 아이일수록 몸도 크고 스포츠 능력도 발달되어 있습니다. 그 시점에서의 우위가-특히 심리적 우위- 그 이후까지도 꼬리를 물고 이어지는 것입니다.

이런 이치는 물론 공부의 세계에서도 마찬가지라고 말할 수 있습니다.

태어난 달이 학년 초에 가까운 학생일수록 학력이 뛰어나다는 연구는 이미 1960~70년대에 구미에서 이루어졌고 일본에서도 도쿄대생은 4월~5월생이 많다는 연구가 있습니다.

저는 2월생입니다만 유치원에서 초등학교 저학년까지는 정말로 고생했습니다. 선생님이 하시는 말씀을 도무지 이해할 수가 없었어요. 그냥 우물쭈물하는 사이에 수업이 끝나고 동급생들에게는 바보, 멍청이 취급을 받았습니다. 그래서 마음속 깊은 곳에 난 안 된다는 생각이 강하게 뿌리박히고 말았습니다.

그건 그렇고 탄생월에 대해서는 이런 경악스러운 연구도 있습

※ 겨울에 태어난 사람이 기발한 이론을 받아들이기 쉽게 자라는 이유

니다.

　상대성 이론이나 진화론처럼 특별히 기발한 이론이나 가설을 수용할 수 있는지 여부가 탄생월과 관계되어 있답니다.

　겨울에 태어난 사람은 받아들이기 쉬운 반면 여름에 태어난 사람은 반대하기 쉽다고 힙니다.

　이것 역시 『네이처』에 영국의 퀸 마가렛 대학의 심리학자 마이

클 홈즈가 발표한 연구 결과입니다(95년).

먼저 상대성 이론의 경우입니다.

홈즈는 이 이론이 발표된 당시의 주요 지지자 10명과 반대자 9명을 조사했습니다. 그들은 전자 중 4명과 후자 중 4명이 노벨상 수상자로 모두 대단히 높은 수준의 학자들입니다.

그러자 지지자 10명 중 8명이 12~3월생이었습니다.

10~4월생(겨울생)으로 범위를 넓혀보자 놀랍게도 10명 전원이 포함되었습니다.

반면에 반대자는 9명 중 6명이 6~7월생. 겨울에 태어난 사람은 겨우 2명이었습니다.

그렇다면 진화론의 경우는 어떨까요?

『종의 기원』이 출판된 것은 1859년입니다만 그 이전부터 지지하고 있었던 사람과 반대하고 있었던 사람들에 대해서 알아봤습니다.

지지자 12명 중 놀랍게도 11명이 겨울에 태어난 사람들이었습니다.

반대자 16명 중 겨울에 태어난 사람은 겨우 5명이었습니다.

유감스럽게도 논문에는 구체적인 인명이 기재되어 있지 않습니다만 반대자 중 한 사람이 고생물학자인 리처드 오엔이라는 사실은 분명합니다(7월생).

그리고 이 2개의 기발한 이론을 한데 묶어 생각해보면 지지자의 83%가 추운 시기인 12~4월생이었습니다. 반대자 중 이 시기에 태어난 사람은 겨우 24%였습니다.

지지자 중에서 5~7월생은 없었고 반대자의 60%가 5~7월생이었습니다―참고로 다윈은 2월생, 아인슈타인은 3월생입니다.―

인수가 적기 때문에 그것은 우연의 결과일 가능성이 크다고 말씀하실 분도 많으실 겁니다. 하지만 이것도 통계적으로 볼 때 굉장한 의미가 있는 것입니다.

어째서 이러한 경향이 있는 걸까요?

홈즈의 말에 따르면 우선 태아기, 특히 초기 무렵의 문제라고 합니다―모체의 음식, 건강, 빛에 관련된 호르몬 수치의 변동 등등.―

그리고 적어도 진화론이 등장했던, 난방이 충분하지 않고 전등도 없는 시대에서는 이렇게 생각할 수 있다고 말합니다.

겨울에 태어나면-학자들은 전부 유럽과 북미 출신. 평균적으로 북위 50도에 위치한 곳에 살고 있습니다- 먼저 담요에 둘둘 말려서 자유를 빼앗기지만 몇 개월 지나 여름이 되면 해방됩니다. 아기는 그때 기어 다니며 스스로 탐색하는 자유를 맛봅니다.

그런데 여름에 태어나면 여름의 자유를 맛보려고 해도 아직 스스로 움직일 수 없기 때문에 맛볼 수가 없습니다.

이 탄생 초기의 체험이 이후까지 꼬리를 물고 이어지는 것일까요?

제 4 장
동물행동학을 배우려면

저는 정말 알고 싶은 것이 하나 있습니다.

바로 염소의 양성구유兩性具有 확률에 관한 것입니다. 예전에 저희 친가에서는 염소를 키웠습니다. 염소는 가을에 교미해서 봄에 출산하는 패턴을 반복합니다. 한번 출산할 때 2~3마리가 태어나는데 그중에 1마리는 꼭 양성구유가 태어났습니다. 양성구유는 수컷과 함께 육용으로 팔아버렸지만-참고로 암컷은 착유의 용도로 팔고 있습니다- 어째서 양성구유가 자주 태어나는지 정말 이상했습니다. 개나 고양이가 양성인 경우는 거의 없는 것 같습니다. 소나 돼지는 처음부터 선별된 것을 사서 키우기 때문에 확률은 잘 모르겠네요. 염소의 양성구유 확률에 관해서 가르쳐 주시면 감사하겠습니다. 오랫동안 궁금했던 점이라서 꼭 알고 싶습니다. (49세, 여자)

일본에서 유용乳用으로 기르는 염소는 대부분의 경우 '일본 자넨' 이라고 불리는 품종입니다.

일본 자넨은 큐슈 지방의 재래종에 스위스 서부, 베른 지방의 자넨 계곡이 원산인 자넨종을 교배시킨 하얀 염소로서 친가에서 기르셨다는 것도 아마도 이 품종일 거라고 생각합니다.

이 「자넨종」은 대단히 높은 확률로 양성구유가 태어난다는 것으로도 유명합니다.

암컷에 가까운 것부터 수컷에 가까운 것까지 여러 형태가 있지만 어느 쪽도 생식 능력이 없습니다.

그러면 어째서 그런 일이 자주 일어나는 것일까요?

사실 염소에게 필적할 만큼 많은 양성구유 사례를 볼 수 있는 가축은 소입니다. 바로 프리마틴(Freemartin)이라고 불리는 현상이지요.

프리마틴은 소가 수컷과 암컷의 태아를 뱃속에 함께 가졌을 때, 암컷 태아가 수컷 태아의 영향을 받아서 자신의 생식기를 수컷과 같이 변화시키는 현상입니다.

하지만 프리마틴은 수컷과 암컷의 태아를 함께 가졌을 때만 일어납니다. 염소의 경우는 함께 태어나는 형제들의 성에는 관계가 없다고 알려져 있습니다. 그렇다면 염소의 양성구유에는 프리마틴 현상이 관련되어 있지 않을 겁니다.

그렇다면 두 번째 가능성은 성염색체의 문제입니다.

염소도 포유류인 이상 인간과 똑같이 성염색체가 수컷은 XY, 암컷은 XX인 상태입니다.

이 성염색체가 가끔 XXY, XXXY, XXXXY 등의 상태가 될 때가 있는데 그러면 실제로 양성구유가 되는 것입니다. 이러한 사정은 인간도 비슷합니다—XXY는 인간의 경우에 클라인펠터 증후군[Kleinfelter's Syndrome]이라고 불리는 병을 일으킵니다.—

하지만 이런 일은 수백, 수천 번의 출산에 한 번이나 나올까 말까 한 드문 일입니다. 지금 문제가 된 염소의 빈번한 양성구유의 원인으로는 생각할 수 없습니다.

그러면 이번엔 보통 염색체가 이상해진 경우를 의심해 볼 수 있습니다. 그런데 이것이 바로 정답이었던 것입니다.

양성구유인 새끼를 자주 낳는 부모를 대상으로 암컷, 수컷, 양성구유를 낳는 비율에 관해서 조사해 본 결과 4 : 3 : 1의 비율

 큰일입니다! 양성구유 염소 대발생!

이었습니다.

 3 + 1은 물론 4입니다. 염소도 수컷과 암컷이 대체로 비슷한 수로 태어납니다. 즉 여기서 알 수 있는 것은 염소의 양성구유는 유전적으로는 암컷이라는 것, 암컷 중에서 양성구유가 나타나는 출현 빈도가 1/4이라는 것입니다-실제로 양성구유 염색체를 조사해 보자 성염색체가 XX로 나와서 유전적으로 암컷임이 판명되었습니다.-

 1/4.

이 말을 듣고 벌써 눈치 채신 분들도 계실 겁니다.

 1/4의 확률로 그런 결과가 나타난다면 열성 염색체겠지요-물론 부모가 둘 다 그 유전자에 대해 헤테로일 경우의 이야기입니다.-

 양성구유에 관계된 유전자는 암컷에게서 처음으로 겉으로 나타나는데 그것은 열성 유전자로 추측할 수 있습니다.

 친가의 염소 2~3마리에 1마리라는 확률은 양성구유를 자주 낳는 부부에게서 태어나는 암컷의 4분의 1, 전체의 8분의 1이

큰일입니다! 양성구유 염소 대발생!

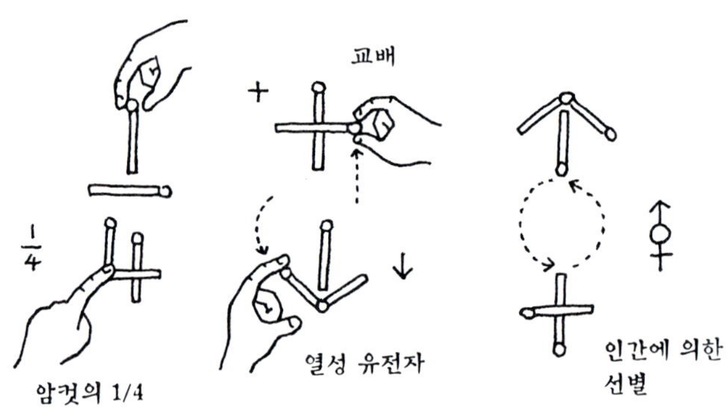

※ 성냥개비로 알아보는 양성구유

라는 실제 조사 결과에 비하면 상당히 높군요.

 어쩌면 양성구유인 염소가 태어났을 때의 인상이 너무나 강렬해서 그렇지 않을 때의 기억이 잘 나지 않는 것일 수도 있습니다. 그래서 1번의 출산으로 2~3마리 중에 1마리라 기억하고 계시는 것일지도 모르겠습니다.

 더구나 양성구유에 관해서는 이런 경악스러운 사실도 있습니다.

 양성구유는 뿔이 없는 염소에게서 매우 많이 태어납니다!

질문해 주신 분의 친가에서 기르던 염소도 뿔이 없지 않았나요?

우리는 이러한 현상에서 뿔을 없애는 것에 관계하는 유전자와 양성구유에 관계하는 유전자가 서로 일치한다고 추측할 수 있습니다. 사실은 완전히 똑같은 유전자들이 서로 다른 2가지 효과를 발휘하고 있는 것이 아닐까요—이러한 현상을 「다면발현」이라고 합니다.—

혹은 유전자는 다르지만 서로 염색체상에서 아주 가까운 위치에 있을지도 모릅니다. 그래서 생식 세포를 만드는 과정인 감수분열을 할 때 교차에 의해 멀리 분리되지 않습니다. 따라서 뿔이 없는 현상과 양성구유 현상이 언제나 함께 나타나는 것이 아닐까 추측할 수 있지요.

하지만 정답은 전자가 아니라 후자라는 사실을 알게 되었습니다.

뿔을 없애는 것에 관계된 유전자는 우성이었습니다. 그런데 양성구유에 관계하는 유전자는 열성이지요. 하나의 유전자가 우성이면서 동시에 열성일 수는 없습니다. 따라서 하나의 유전자에 의한 다면발현이라는 가능성은 지우겠습니다. 뿔을 없애는 유전자와 양성구유 유전자는 같은 염색체상에서 대단히 근접하게 존재하고 있을 겁니다.

염소의 염색체는 전부 60개. 성염색체가 2개에 보통 염색체가 27대 58개입니다.

뿔을 없애는 유전자와 양성구유 유전자는 보통 염색체 중에서 가장 큰 제1염색체라는 사실을 알아냈기 때문에 염색체가 있는 자세한 장소에 대해서도 좁혀지고 있습니다. 정확한 위치는 이제 금방 알게 되겠지요.

아무튼 인간으로서는 뿔이 없는 염소 쪽이 다루기 쉬울 겁니다. 인간이 그런 염소를 좋아해서 사육하고 선별했습니다.

그런데 생각지도 못하게 양성구유의 유전자까지 선별하게 된 것입니다.

사육용 염소에 양성구유가 많은 이유는 그러한 사정에서 비롯된 것이 아닐까요?-일본 자넨종도 대부분 뿔이 없습니다.-

자연계에서는 뿔이 있는 쪽이 유리하고 애당초 생식 능력이 없는 양성구유라는 존재가 그렇게 흔히 나타날 리가 없습니다.

 큰일입니다! 양성구유 염소 대발생!

인간은 개나 고양이도 선별해 왔습니다. 다만 뿔이 없는 것과 동시에 양성구유 현상이 짝 지어 나타날 까닭이 없습니다.

그들에게서 양성구유가 나타나기 어려운 것은 그런 점도 관계되어 있을지도 모릅니다.

저는 길 잃은 고양이를 2마리 기르고 있었는데 그중 한 마리가 17년째 되는 올해 2월에 숨을 거뒀습니다. 하얀 털에 푸른 눈동자를 가진 청각장애가 있는 고양이로 처음에는 이름도 기억하지 못하고 목소리도 탁해서 머리가 나쁜 줄 알았습니다. 그런데 남편이 귀가 안 들린다는 것을 눈치 채서 장애가 있는 고양이지만 가족 전체가 애지중지하며 길렀습니다. 그 고양이는 나중에 가서는 좋아하는 생선회도 먹지 못하고 폐에 암이 전이돼서 죽었습니다. 하얀 털과 푸른 눈을 가진 고양이는 유명한 이야기인가요?

또 한 마리 있던 길 잃은 고양이 챠트라는 서로 경쟁할 상대를 잃고 말았습니다. 그래선지 매일 아침 날이 밝자마자 죽은 고양이를 찾아 울어대는 바람에 잠을 못 자서 괴롭습니다. 고양이란 동물은 보통 몇 년 정도 사는지요? (연령불명, 여자)

드디어 왔습니다! 푸른 눈의 하얀 고양이에 대한 질문이 왔습니다!

사실을 고백하자면 저는 그 질문이 안 온다면 기회를 봐서 남을 시켜서라도 해버릴까 생각하고 있었답니다. 그 정도로 푸른 눈을 가진 하얀 고양이의 난청 현상은 유명하고 큰 의미를 가지고 있습니다. 실제로 2001년 봄에는 실행하기 일보 직전이었습니다.

당시에 「니폰 텔레비젼」의 계열 방송사에서 『신·별의 금화』라는 드라마를 방송하고 있었습니다. 아는 분들은 아시겠지만 농아 소녀가 주인공이었습니다.

그런데 2화인지 3화인지 마지막 장면이었습니다. 비가 내리는 날에 주인공 소녀가 맨발로 집을 뛰쳐나가서 울고 있자 하얀 새끼 고양이가 다가왔습니다. 그녀가 고양이를 안아 올리자 고양이가 클로즈업됩니다. 그러자 그 새끼 고양이의 눈이 양쪽 다 파란 것입니다. 그 장면을 보면서 저는 혼잣말을 중얼거렸습니다.

'푸른 눈의 하얀 고양이…… 오오, 노지마 신지-그 드라마의 각본가-, 생물학을 공부했구나.'

푸른 눈의 하얀 고양이는 반드시 그런 것은 아니지만 귀가 안 들리거나 들려도 잘 들리지 않습니다. 만약 눈이 한쪽만 파랗다면 그와 같은 쪽 귀에 장애가 있는 경우가 많습니다.

그 장면을 보면서 저는 이렇게도 생각했습니다.

'아하, 이 고양이는 앞으로 진행될 내용에 깊이 관련되겠구나. 과연 그렇군. 노지마 신지, 제법인데?'

그런데 그 고양이는 그 뒤로 한 번도 등장하지 않았습니다. 푸른 눈의 하얀 고양이가 귀가 안 들린다는 것보다 그 이전의 문제인 것입니다.

도대체 어떻게 된 일일까요?

그 아이는 그냥 우연히 눈이 파랗고 털이 하얀 고양이였을까요?

아니면 모처럼 생각한 아이디어였는데 높으신 분이 '자네, 그런 문제는 좀 곤란하지' 하고 압력을 넣은 건가요?

어쩌면 그 아이가 죽거나 병이 들었는데 푸른 눈의 하얀 고양이가 드무니까 대역을 찾을 수 없었을지도?

아무튼 푸른 눈의 하얀 고양이 문제는 생리학 분야에서도 대

 푸른 눈의 하얀 고양이와 불임 수술한 고양이

단히 유명합니다. 다만 유감스럽게도 유전자적인 원인은 아직 별로 알려진 것이 없는 실정입니다.

하지만 인간에게도 이와 상응하는 현상이 발견되어서 꽤 많은 것이 밝혀졌습니다.

바로 바덴부르그 증후군(Waardennburg Syndrome)이 그것입니다.

몇 가지 형태는 있지만 이 유전병 환자는 푸른 눈처럼 눈의 홍채의 색이 옅고-이 경우 한쪽만일 수 있으며 시력에는 문제가 없습니다- 귀가 안 들리며 앞머리 한가운데가 하얀 증세를 나타냅니다. 또한 어떠한 형태도 한 개의 우성 유전자에서 유래하고 있습니다. 이것을 다면발현이라고 하며 푸른 눈의 하얀 고양이와 바덴부르그 증후군에서 주목해야 할 점이 여기에 있습니다.

그리고 그 유전자가 어디에 있는지도 알게 되었는데 가장 중요한 형태는 보통 염색체인 제2염색체의 장완부 35좌위에 있습니다-염색체는 장완과 단완으로 이루어져 있으며 좌위는 번지수와 같은 것입니다.-

고양이의 경우도 기본적으로 이와 같은 현상이라고 생각해도 지장은 없겠지요.

두 번째로 질문하신 고양이의 수명은 10~15년 정도일까요? 최근에는 20년 이상 사는 경우도 드물지 않습니다.

더구나 인간과 마찬가지로 암컷이 더 오래 사는데 그 이유도 거의 똑같습니다.

즉, 수컷은 남성 호르몬의 일종인 테스토스테론을 많이 분비하지만 공교롭게도 이 호르몬은 면역력을 억제해서 병에 걸리기 쉽게 만드는 작용을 합니다—실은 여성 호르몬의 일종인 에스트로겐에도 발암성과 같은 바람직하지 못한 작용이 있기도 하지만 테스토스테론만큼 유해하지 않다고 볼 수 있습니다.—

따라서 장수의 적은 테스토스테론이란 말이 됩니다. 그러면 수컷은 거세하면 오래 살게 되지 않을까요? 실제로 그런 관점에서 수술을 시키는 고양이도 있습니다. 불임 수술은 수컷의 수명을 거의 3년을 연장할 수 있습니다—인간의 환관도 오래 살았다고 알려져 있습니다.—

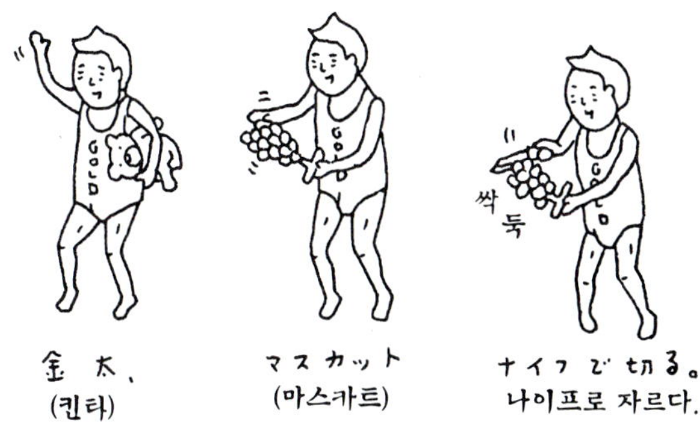

※ 소리 내서 10번 정도 반복해서 읽어봅시다.

* 참고로 이건 연음으로 장난치는 말장난으로 '킨타 마스카트 나이프데 키루-킨타가 마스카트를 나이프로 자르다-'를 연음하면 '킨타 마 스캇토 나이프데 키루-불알을 나이프로 싹둑 자르다-'가 됩니다. 불임 수술한 고양이에 대한 이야기 때문에 나온 썰렁한 유머입니다.

그런데 여기서 제가 꼭 말씀드려야 할 것은 「타마님」이라는 이름의 수컷 고양이에 관한 이야기입니다. 하얀 얼룩이 털색의 절반 정도를 차지하는 일본 고양이입니다.

타마님은 쿄토 키타시라카와에 사시는데 제가 만난 것은 15년쯤 전입니다. 당시에 이미 어엿한 어른 고양이셨기에 연세가 16살은 되셨을 겁니다.

왜 경어를 쓰냐고요?

그건 쓰지 않을 수 없기 때문이랍니다. 그 기품, 그 아름다움……. 타마님의 이름과 분위기가 반도 타마사부로[*]坂東玉三朗를 연상시켜서 그런 것도 있습니다.

타마님이 장수하실 뿐만 아니라 아름다우신 이유는 일단 불임 수술을 받으셨기 때문입니다.

불임 수술로 수명도 연장되었지만 그것보다도 감염증에 잘 걸리지 않기에 용모가 퇴색하는 것을 방지할 수 있었던 것입니다.

그리고 타마님은 고양이로서는 보기 드물게도 줄에 묶인 고양이입니다.

아마도 차에 치이지 않도록 주인이 배려한 것이겠지요. 하지만 덕분에 다른 수컷 고양이들과 피범벅이 되도록 싸움을 해서 고양이 에이즈와 같은 감염증을 옮아오는 위험을 면하게 되었습니다

외로운 것은 불쌍하지만 다른 한편으로는 중요한 의미가 있답

 푸른 눈의 하얀 고양이와 불임 수술한 고양이

니다ㅡ그런데 불임 수술을 받은 고양이는 인간으로 따지자면 내시와 마찬가지라 싸움도 별로 안 하지 않을까요?ㅡ

고양이의 나이를 인간의 나이로 바꾸면 어떻게 되는지 아십니까?

저는 최근에 이런 명쾌한 환산법이 있다는 사실을 알게 되었답니다.

그것은 사이토 아키오라는 수의사가 제안한 「사이토식」이란 환산법인데 고양이는 1년 만에 생식 능력을 가진 어엿한 어른이 되기 때문에 일단 생후 12개월을 인간의 20살로 간주합니다.

1~5살을 성인기로 보고 고양이의 나이에 6을 곱하고 15를 더한 값을 인간의 나이로 간주합니다ㅡ예를 들어 고양이 나이 2살은 2×6+15=27로 인간의 27살.ㅡ

6~10살은 중년기로 환산하면 고양이 나이×5+20.

11~15살은 고령기로 고양이 나이×4+30.

16살 이상은 노년기로 고양이 나이×3+45.

그러면 17살에 죽은 푸른 눈의 하얀 고양이는 17×3+45로 인간 나이 96살. 따라서 18살인 챠트라는 인간 나이로 99살이 됩니다.

 그리고 우리의 타마님은 아무리 적어도 16살, 인간 나이로는 93살이 되십니다.

 93살에 용모가 퇴색하지 않았다니! 놀라워요!-이후에 타마님의 실제 나이는 주인 되시는 분의 편지에서 13살로 판명되었습니다. 제 착각이었습니다.-

달걀 중에는 하얀 것도 있고 빨간 것도 있는데 왜 그런 겁니까? 가르쳐 주세요. (59세, 남자)

결론부터 말씀드리겠습니다.

하얀 것은 달걀을 얻기 위해 기르는 난용종 닭의 알입니다. 빨갛거나 갈색 알은 육용이거나 난육 겸용 닭의 알입니다.

난용종 닭으로서 세계적으로 압도적인 점유율을 자랑하는 것은 백색 레그혼이라는 품종입니다. 원래는 이탈리아 품종이었지만 영국, 미국에서 개량해서 현재의 품종이 완성되었습니다. 레그혼은 일찍이 이 품종이 수출되었던 이탈리아의 항구 리보르노의 영어명입니다—지도에서 보면 리보르노는 피렌체 서남서 약 80km, 피사의 사탑으로 유명한 피사의 남남서 약 20km에 있는 곳입니다.—

백색 레그혼은 1년에 약 280개의 알을 낳으며 물론 색깔은 백색입니다. 알의 무게는 56g 전후입니다. 참고로 암컷의 체중은 1.6~2.0kg으로서 닭 중에서는 작은 편입니다.

그 밖에 난용종 닭으로서 흑색 미노루카라는 품종도 있지만 알의 색깔은 역시 하얀색입니다.

그런데 육용종 닭이라고 하면 금방 떠오르는 것은 「브로일러」일 겁니다. 하지만 사실 브로일러는 육용의 영계-체중 2.6kg 이하 생후 10주일 이내-를 뜻하는 말로서 품종이 아닙니다.

육용종으로서 대표적인 품종은 백색 코니시입니다. 체중은 수컷이 약 5.5kg, 암컷이 약 4.0kg. 알은 적갈색으로 1년에 100~130개입니다. 육용이라서 그리 많이 낳지는 않지요.

난육 겸용 품종의 대표는 백색 플리머스록입니다. 체중은 수컷이 약 5.0kg, 암컷이 약 3.6kg. 알은 역시 적갈색이고 1년에 160~200개를 낳습니다.-역시 난육 겸용이지요!-

대부분의 브로일러는 전자인 백색 코니시 수컷과 후자인 백색 플리머스록 암컷을 교배시켜서 태어납니다. 그러니 브로일러의 알 색도 당연히 갈색이 되겠지요.

알에 색깔이 있는 것은 프로토포르피린이라는 색소가 침착하기 때문입니다.

하지만 어째서 그런 닭이 육용으로 적당한 것일까요? 혹은 어

 아키시노미야 전하의 일류급 연구!

째서 색소가 침착하지 않는 닭이 난용으로 적절한 것일까요?

어쩌면 색소 침착 현상과 고기의 맛이 뭔가 관계가 있는 걸까요?

참고로 1986년 자료에 의하면 일본에서는 1억 2,964만 마리의 난용 닭과 1억 5,564만 마리의 브로일러가 사육되고 있습니다.

저는 하루에 달걀을 최소 2개는 먹고 있고 달걀은 간식 같은 것에도 사용되고 있을 텐데 안 먹는 사람은 안 먹는다는 뜻일까요?

닭의 품종에 대한 이야기를 하면서 제가 꼭 언급하지 않을 수 없는 것이 나고야 코친입니다. 별명은 카이후종이지요-저는 나고야 출신이랍니다.-

나고야 코친은 메이지 15년(1882년), 전 오와리 번사였던 카이후 소헤이 · 마사히데 형제가 만들었습니다. 나고야의 재래종 닭과 중국산 버프 코친을 교배해서 난육 겸용인 나고야 코친을 만들어냈던 것입니다-나고야 사람은 실질 지상주의랍니다.-

다만 이 품종에는 다리에 털이 있었기 때문에 더 개량해서 다이쇼 시대에는 다리에 털이 없는 「나고야종」이 만들어졌습니다.

이 종이 제2차 세계대전 이후까지 일세를 풍미했으나 이윽고 쓰이지 않게 되고 말았습니다. 하지만 고기 맛이 좋다는 것이 재평가되어 다시 주목을 끌게 되었지요—흔히 이 나고야종을 나고야 코친으로 부르고 있지만 정확히 말하자면 틀린 말입니다.—

나고야종의 체중은 수컷이 약 5.0kg, 암컷이 약 3.6kg입니다. 알의 색깔이 옅은 적색이라서 「붉은 알」이라고도 불리며 1년에 150~200개입니다.

그리고 카이후 토시키 전 수상은 카이후 형제의 누나 스마의 증손에 해당되는 사람입니다. 저는 카이후 전 수상이 형제 둘 중 하나의 손자이거나 증손이라 기억하고 있었지만 『나고야 코친 작출 이야기 「양계도 무사도처럼」 카이후 형제의 커다란 도전—이와타니 테츠오 저, 북 샵 마이타운, 국내 미출간—』을 읽고 정확한 정보를 얻을 수 있었습니다.

그런데 닭의 선조는 동남아시아에서 광범위하게 살고 있는 적색야계입니다.

대수롭지 않게 들리겠지만 실은 이 결론에 이르기까지는 정말

※ 두 마리 닭이
정원을 뛰노는 풍경

* 삽화 제목인 『庭には二羽鶏がいる風景』의 발음은 「니와니와니와니
와토리가이루 풍경」 즉 닭(니와토리)을 주제로 한 말장난임—번역자

로 기나긴 논쟁이 있었답니다.

 먼저 찰스 다윈이 닭은 오직 적색야계에서만 유래되었다고 말
했습니다. 그러자 그 말이 맞다는 설과 적색야계를 포함해서
동남아시아에 사는 여러 종의 야계가 교배해서 만들어졌다는
설이 나와서 단원설 VS 다원설의 싸움이 오랜 세월 동안 계속

아키시노미야 전하의 일류급 연구!

되었습니다. 그런데 그 논쟁에 종지부를 찍은 사람이 누구인지 아십니까?

여러분, 자세를 바르게 고치고 정숙해 주시길 바랍니다!

바로 황위 계승 서열 제2위이신 아키시노미야 후미히토[*]秋篠宮文仁 전하이십니다.

미국에 『Proceedings of the National Academy of Sciences-약칭 PNAS-』라는 대단히 수준 높은 과학 잡지가 있습니다.

그 PNAS에 1994년, 95년, 96년 3회에 걸쳐 전하가 연구의 제1저자(First Author)인 논문이 게재되었습니다-즉, 연구의 중심인물이라는 의미이지요.-

전하는 직접 동남아시아에 가서 각종 야계의 혈액을 채취했습니다. 미토콘드리아 DNA의 염기배열을 조사하기 위해서입니다.

미토콘드리아는 세포 안에 있으면서 주로 에너지를 만드는 일을 하는 기관입니다.

 아키시노미야 전하의 일류급 연구!

이 미토콘드리아에 주목해야 하는 이유는 핵과는 달리 독자적인 DNA를 가지고 있는데다가 그것이 모계로밖에 전해지지 않기 때문입니다.

납치 피해자인 요코다 메구미*横田めぐみ의 딸로 추정되었던 김혜경이 메구미의 딸로 확인된 것은 메구미의 어머니인 사키에, 메구미, 김혜경의 미토콘드리아 DNA를 조사했더니 그 염기배열이 완전히 똑같았기 때문입니다-메구미의 경우는 남겨진 머리카락에서 채취했습니다.- 미토콘드리아 DNA는 사키에→메구미→김혜경으로 모계 유전되었던 것입니다.

이렇게 할머니→어머니→딸처럼 3대가 이어지는 시간 속에서는 미토콘드리아 DNA가 변화하지 않습니다. 하지만 좀 더 오랜 세월이 흐르면 변화해서 염기배열이 점점 달라집니다.

그 변화의 정도에서 지금 문제가 된 닭과 야계가 어느 정도 가까운 종인지 알 수 있는 것입니다.

그 결과에 따르면 현재 가축화된 닭에 가까운 것은 적색야계뿐입니다. 적색야계의 몇 가지 아종이 닭의 각 품종을 둘러싸는 구

아키시노미야 전하의 일류급 연구!

도입니다. 다른 야계는 닭과는 아주 먼 종이었습니다. 이렇게 해서 기나긴 논쟁에 드디어 종지부가 찍혔던 것입니다.

3개의 논문에는 지금은 고인이 된 오노 스스무大野乾가 공동 연구자로 이름을 올리고 있습니다. 오노는 오랜 세월 동안 분자생물학의 최고봉을 달려온 사람입니다. 더구나 1950년대부터 미국에 있었지요.

오노의 말에 따르면 '전하는 야계가 가축화된 최초의 이유는 식용이 아니라 새 시대의 여명을 밝히는 사자로서 의식용으로 키워졌다고 믿고 계셨다' 라고 합니다-『속 위대한 가설』 요도샤, 국내 미출간-

남편의 후광을 등에 업는 것은 까마귀와 인간뿐

저희 집은 맨션입니다. 그런데 베란다에서 가끔 물건이 없어져서 범인을 추적했더니 바로 까마귀였습니다. 까마귀가 빨래를 거는 철사 옷걸이를 물고 가거나 널어놓고 말리던 건어물까지 물고 가버렸습니다. 베란다에 있는 물건은 뭐든지 훔쳐 가는 바람에 정말 골칫거리입니다.

까마귀의 지능은 높다고 하던데 도대체 어느 정도입니까? 그리고 까마귀 방어 대책으로 뭔가 좋은 방법이 없을까요? 음식물 쓰레기도 문제지만 까마귀 때문에 하루하루가 근심의 연속입니다. (58세, 남자)

최근에 TV에서 이런 뉴스를 봤습니다. 아마도 이나리 신사였던 걸로 기억합니다. 최근 수년간 다발하고 있는 원인 불명의 화재 때문에 신사 측에서 대단히 골치를 앓고 있다는 이야기였습니다.

어째서 우리 신사를 노리는 걸까? 아니, 화재는 건물이 아니라 낙엽을 태우는 정도의 작은 불일 때가 많다. 그렇다면 누가 장난을 하는 것인가?

 신사는 어떤 추측을 근거로 방범 카메라를 설치했습니다. 그래서 정체를 알아낸 범인은 바로 까마귀였습니다.

 까마귀가 불이 켜진 등불의 양초를 물고 날아가서 먹고 있었던 겁니다. 사실 까마귀는 양초의 유지를 매우 좋아합니다. 카메라는 까마귀가 양초를 물고 날아가는 결정적인 순간을 포착했고 바로 그 불이 원인이 되어 화재가 일어난 것입니다.

 불을 두려워하지 않는 것만 봐도 지능이 높다는 것을 짐작할 수 있겠지요. 놀랍게도 토호쿠 지방의 까마귀는 호두 껍질을 달리는 차에 던져서 깨고 홋카이도의 까마귀는 눈이 쌓인 비탈에서 미끄럼을 타며 놉니다. 더구나 유지를 목적으로 양초를 먹는 것은 교토 특유의 「문화」이며 도쿄의 까마귀는 비누를 먹는다고 합니다.

 또 저는 이런 순간을 목격했습니다.

 근처 정육점 앞에 고기를 잔뜩 실은 트럭이 서 있었습니다, 그 트럭은 놀랍게도 아무런 덮개도 씌우지 않고 고깃덩어리를 그

 남편의 후광을 등에 업는 것은 까마귀와 인간뿐

대로 드러낸 채로 주차해 있었습니다.

'저러다간 당하……' 하고 생각한 바로 그때, 까마귀 한 마리가 날아와서 200g은 족히 될 듯한 고깃덩어리를 물고 여유롭게 날아가 버렸습니다. 그 녀석은 우리를 비웃듯이 일부러-저에겐 그렇게 보였습니다- 가게 맞은편 전신주에 앉아서 고기를 정신없이 먹어치웠던 겁니다.

사실 이런 경우에는 까마귀가 영리한 것이 아니라 인간이 멍청한 거죠.

까마귀는 영리한 동물입니다. 그 영리함은 뇌의 크기에도 반영되어 있습니다. 『까마귀와 슬기롭게 사귀는 법-스기타 쇼에이 저, 소시사, 국내 미출간-』에 의하면 까마귀와 유전적으로 가까운 새 몇 종과 그들의 뇌 무게는 다음과 같습니다-수치는 스기타 씨 자신의 연구에 따랐습니다.-

뇌의 무게 (g)

큰부리까마귀	**10.7**
까마귀	**8.8**

남편의 후광을 등에 업는 것은 까마귀와 인간뿐

집오리   6.2
물오리   5.9
닭   3.6

　그러나 단순히 뇌의 무게만 비교해서는 안 되고 체중에 따른 보정이 필요합니다.

　하지만 잘 보세요. 집오리 이하는 전부 까마귀보다 체중이 나가는 새입니다. 그렇기 때문에 더 더욱 까마귀가 영리한 새라는 것입니다. 예를 들어 닭-백색 레그혼. 난용종 닭-은 까마귀보다 3배의 체중을 가지고 있습니다. 하지만 뇌의 무게는 1/3밖에 안 되지요. 때문에 조잡한 표현이지만 까마귀는 닭보다 9배는 영리하다는 말이 됩니다.

　까마귀는 어째서 이렇게 영리하게 되었을까요?

　제가 원인의 하나라고 짐작하는 것은 그들의 신기한 서열 제도입니다. 즉, 암컷의 서열이 그녀 자신에 의한 것이 아니라 남편의 서열에 따라 결정되는 제도가 있다는 것입니다. 이러한 현상은 다른 새들에게서는-아마도- 볼 수 없습니다.

※ 눈물을 자아내는 이야기

유럽에서 흔히 볼 수 있는 까마귀로는 갈가마귀가 있습니다. 유명한 동물심리학자 콘라드 로렌츠가 관찰한 바에 따르면 그들은 일부일처제이며 몇 쌍의 부부가 모여 함께 생활합니다—새는 90%가 일부일처제이며 다른 까마귀들도 마찬가지입니다.—

독신일 때는 수컷이 암컷보다 서열이 높지만 결혼하면 암컷의 서열이 남편과 같은 위치까지 올라갑니다. 남편이 서열 1위의 수컷이라면 그녀도 서열 1위—까마귀계의 퍼스트 레이디일까요?—가 되고 남편이 2위라면 그녀도 2위가 되는 것입니다.

남편의 후광을 등에 업는 것은 까마귀와 인간뿐

따라서 모두에게 바보 취급받던 독신 암컷이 단번에 인생대역전해서 서열 1위인 수컷의 아내 자리를 차지하게 될 수도 있다는 말입니다. 그렇게 되면 동료들의 시선이 급변하고 그녀 자신의 태도도 완전히 변하게 되겠지요.

어쨌든 이런 제도가 실시되려면 일단 각자가 다른 개체를 분명히 식별할 수 있어야 합니다. 그것이 수컷이라면 그 수컷의 서열, 암컷이라면 남편은 누구고 그 서열은 어느 정도인지를 기억할 수 있을 정도로 높은 지능이 필요합니다.

물론 이 서열 제도는 처음엔 이렇게까지 복잡하지 않았겠지요. 하지만 일부 개체의 지능이 조금이라도 높으면 제도는 대폭으로 복잡해집니다. 제도가 복잡해지면 한층 높은 지능이 요구됩니다. 그런 과정을 반복하는 동안에 서서히 지능이 높아지고 서열 제도 자체도 복잡해진 것이 아닐까요?

제가 아는 한 아내의 지위(서열)가 남편의 그것에 영향을 받는 것은 까마귀와 인간뿐입니다.

그런데 질문해 주신 분은 도쿄 오타 구에 살고 계시기 때문에

 남편의 후광을 등에 업는 것은 까마귀와 인간뿐

못된 장난을 치는 까마귀는 아마도 큰부리까마귀일 겁니다.

큰부리까마귀는 본래 숲에 사는 까마귀이고 일반 까마귀는 전원 지대에 사는 까마귀입니다. 하지만 도시로 진출한 것은 의외로 숲에 사는 큰부리까마귀였습니다. 아마도 빽빽이 들어선 빌딩들을 숲처럼 생각하고 이용하고 있는 것이겠지요.

큰부리까마귀는 문자 그대로 부리가 크고 '까악까악' 하고 울며 일반 까마귀는 큰부리까마귀에 비해 부리가 가늘고 '가악가악' 하고 웁니다. 물건을 훔쳐 간다는 그 까마귀들도 '까악까악' 하고 울지 않나요?

까마귀 대책으로 가장 중요한 것은 까마귀가 둥지를 만드는 시기를 알아야 한다는 것입니다.

까마귀가 옷걸이 같은 것을 물고 가는 이유는 둥지를 만들 재료로 쓰기 위해서입니다. 둥지를 만드는 시기는 봄입니다. 그러니까 봄에는 특히 까마귀의 날치기에 주의하세요.

그 밖에는 반짝거리며 빛나는 테이프를 여기저기 붙이고 페트병을 오려서 풍차처럼 빙글빙글 돌게 만들고 거기다 자석을 붙여서 방향감각을 둔화시키는 방법-새의 머리 속에는 지구 자기를 감지할 수 있는 천연 자석이 있어서 그것에 의지해서 둥지로 돌아가거나 이동하지요- 등이 있습니다. 까마귀 퇴치용으로 여러 가지 상품들이 발명되었지만 적은 다른 새가 아닌 까마귀인 까닭에 금방 익숙해져서 꿰뚫어 보는 일도 많다고 합니다.

건어물을 빼앗기셨다고요? 앞서 말한 정육점 사건과 별반 다르지 않군요!

The end.

서양종인 저희집 친칠라 고양이는 루골액*, 표백제에 마타타비 반응을 합니다. 더구나 3마리 모두 같은 반응입니다. 그래도 원액은 아니고 예를 들면 표백제를 묻힌 걸레로 「닦고 난」 장소에서 뒹굴거리거나 루골 용액을 사용한 솜을 쓰레기통에서 꺼내서 입에 물고 뒹굴거나 몸을 비빈답니다.

고양이는 원소기호 F, Cl, Br, I, At열에 약한 걸까요? (연령불명, 여자)

보내주신 질문을 읽고 '루골? 그런 표백제가 있었나?' 하고 생각했습니다.

그래서 루골을 찾아봤답니다.

'루골, 루골… 이봐, 루골~! 어디 있는 거야~?'

하지만 못 찾았습니다. 못 찾는 것도 당연하지요. 루골이라는 것은 편도염에 쓰는 약이더군요.

덕분에 제게도 조금이지만 공부가 되었습니다. 평소에는 관심도 없었던 표백제의 표백 성분을 각 회사와 종류별로 알게 된 것입니다. 대표적인 상품의 성분은 다음과 같습니다.

카오花王의 「하이타」 차아염소산나트륨

「키친 하이타」 차아염소산나트륨

「간단 와이드 하이타(액체)」 과산화수소
-의류 표백제로 색깔 옷에도 쓰임.-

「와이드 하이타(분말)」 과탄산나트륨
-역시 의류 표백제. 색깔 옷에도 쓰임.-

L-ON의 「컬러 브라이트(액체)」 차아염소산나트륨

「쓰기 편한 브라이트」 과산화수소
-의류 표백제로 색깔 옷에도 쓰임.-

「슈퍼 쓰기 편한 브라이트」 과산화수소
-의류용. 색깔 옷에도 쓰임. 「슈퍼」인 이유는
2배로 농축되었기 때문인 모양임.-

「컬러 브라이트(분말)」 과탄산나트륨
-의류용. 색깔 옷에도 쓰임.-

표백의 방법으로는 산화와 환원 2가지 방법이 있는데 주로
「산화」가 쓰입니다. 예로 든 성분들도 전부 산화에 의해 표백하

 | 편도염 치료제로 마타타비 반응?

는 것입니다.

산화형은 염소계와 산소계로 나뉘는데 전자가 차아염소산나트륨, 후자가 과산화수소와 과탄산나트륨입니다. 전자가 차가운 물에도 상관없는 것에 비해 후자는 미지근한 물에 사용하는 것이 바람직하다는 지시가 있습니다.

그런데 난처하게도 그 어떤 성분도 고양이에게 마타타비[*] 반응을 불러일으키는 성질과는 비슷하지도 않았습니다.

마타타비 반응을 일으키는 물질은 크게 2가지가 있는데 하나는 악티니딘이라는 **모노테르펜** 알카로이드의 일종입니다.

테르펜이란 것은 자세한 설명은 생략하겠지만 식물을 구성하는 중요한 유기화합물입니다.

식물에서 얻는 기름은 전부 테르펜이 주성분입니다. 예를 들어 레몬그래스油의 주 성분은 시트랄, 장미유는 루디놀, 라벤더유는 리나롤, 오렌지유의 주성분은 리모넨입니다.

좋은 냄새를 풍기는 경우는 전부 **모노테르펜**이라고 생각해도 좋습니다─앞서 열거한 예는 전부 좋은 향기를 풍기며 모노테르

펜입니다.-

그런데 마타타비 반응을 불러일으키는 성질 중 다른 하나는 바로 마타타비락톤이라고 불리는 여러 가지 **모노테르펜** 락톤입니다.

특히 마타타비에 많이 포함되어 있는 것은 이리도미르메친과 이소이리도미르메친. 그리고 디히드로네페타락톤, 이소디히드로네페타락톤입니다.

참고로 마타타비에 반응하는 것은 고양이에 국한되지 않고 고양이과라면 전부 반응합니다. 그렇다는 것은 호랑이나 사자까지도 반응한다는 말입니다.

아무튼 고양이에게 마타타비 반응을 일으키는 성질은 표백제의 주 성분과 전혀 달랐습니다. 그렇다면 어째서 친칠라 고양이들이 마타타비 반응을 나타냈을까요?

제가 의심스러운 점은 질문해 주신 분께서 원액이 아니라 걸레에 묻혀서 닦은 장소라고 말씀해 주신 부분입니다.

말하자면 고양이들은 표백제 자체가 아니라 표백제로 인해 산화를 일으킨 물질, 그것도 마타타비 반응을 일으키는 물질과 비슷한 물질에 반응한 것은 아닐까요?

걸레로 닦은 바닥이 플로링 바닥이라면 이렇게 생각할 수도 있습니다.

바닥은 삼목이나 노송나무, 소나무와 같은 침엽수를 재료로 쓰고 있습니다. 이 목재에는 α-피넨과 같은 **모노테르펜**이 포함되어 있습니다.

그 **모노테르펜**이 표백제에 산화되어 마타타비 반응을 일으키는 물질과 비슷한 물질로 변화했을 가능성도 있습니다.

그렇다면 루골액이 묻은 솜의 경우는 어떨까요? 먼저 일본약국방 요오드글리세린-루골 용액-설명서의 성분란을 보겠습니다.

100㎖ 중

요오드	1.2g
요오드화칼륨	2.4g
글리세린	90.0㎖
박하수	4.5㎖
액상페놀	0.5㎖

유효 성분은 요오드와 요오드화칼륨일 겁니다.

그런데 뭔가 수상한 성분이 포함되어 있다는 생각이 안 드십니까?

액상페놀?

아니, 박하수 말입니다.

박하수의 주 성분은 l-멘톨. 그것이 바로 **모노테르펜**인 것입니다.

잠깐만요.

저는 마타타비락톤에 가까운 네페타락톤이라는 것이 미국산 개박하에서 얻는 기름의 주 성분으로서 고양이를 흥분시킨다고 알고 있습니다.

그렇다는 것은 박하수에도 그 네페타락톤이 포함되어 있는 걸까요?

잠깐, 침착합시다.

루골 용액보다 유명한 이소딘 구강 청결제의 성분도 보도록 하지요.

이소딘 가글 1ml 중

유효성분   포비돈요드 70mg
(유효 요오드 7mg)

첨가물	에탄올
	티몰
	ℓ-멘톨
	농글리세린
	사카린나트륨
	사리실산 메틸
	유칼리유

또 수상한 성분이 나왔군요. ℓ-멘톨과 유칼리유.

ℓ-멘톨은 **모노테르펜**의 일종입니다. 그리고 유칼리유는 주성분이 시네올인데 역시 모노테르펜의 일종입니다.

그래서 질문해 주신 분께 부탁드리겠습니다. 고양이들에게 이 소딘으로 실험해 주실 수 없겠습니까?

만약 마찬가지로 마타타비 반응이 일어난다면 원인은 아마 멘톨일 겁니다.

그렇지 않고 루골액에서만 반응이 일어난다면 박하수에 들어 있는 네페타락톤일 기능성이 그답니다.

이건 어쩌면 대발견이 될지도 몰라요!

편도염 치료제로 마타타비 반응?

그런데 원소주기표의 제7족(Cl:염소, I:요오드)과는 관계없는 것 같습니다.

※ 이번 문제는 커다란 반응을 일으켜서 많은 분들이 아래와 같이 여러 정보를 보내주셨습니다.

* '예전에 키우던 서양종 고양이는 시 브리즈라는 멘톨계 화장수를 너무 좋아해서 남편의 피부를 할짝할짝 핥았습니다.'
* '일본 고양이는 별로 반응하지 않는 것 같습니다.'
* '우리 고양이는 이탈리아에서 선물로 가져온 올리브 나무를 파서 만든 볼에 침을 질질 흘리며 몸을 문지릅니다.'
* '저희 집의 경우엔 찜질약에 반응하고 이소딘 젤에는 반응이 없었습니다.'

감사합니다. 보내주신 글들은 제 판단 하에 요약했습니다.

알밴 시샤모는 가짜였다!

저번에 설을 쇠러 고향에 돌아가서 친구와 함께 선술집에 갔습니다. 오랜만에 좋아하는 「시샤모」[*]를 먹었는데 너무 맛있었어요!

그런데 이 「시샤모」란 생선은 어디서 사 먹어도 전부 알을 뱄네요. 어떻게 암컷 시샤모만 골라낼 수 있는 걸까요?

설마 배에서 막 내린 몇 톤이나 되는 시샤모를 아줌마들이 수작업으로 슥슥?! 그렇게 하다간 그 가격에 팔 수 없겠죠?! 너무 궁금해져서 친구와 여러모로 생각해 봤지만 잘 모르겠습니다. (연령불명, 여자)

「시샤모」를 한자로 쓰면 「柳葉魚(유엽어)」입니다. 확실히 시샤모의 그 가느다란 모습은 버드나무柳의 잎사귀와 비슷하지요. 단어의 발음이 특이한 것은 아이누어의 스사무-혹은 스스・하무. 버드나무 잎사귀라는 뜻-가 변했기 때문입니다.

아이누 신화에 의하면 옛날에 천상에 있는 신들의 나라에 스스람펫이라는 강이 흐르고 있는데 강기슭에 버드나무가 자라고 있었습니다. 버드나무의 잎사귀는 가을이 되면 단풍이 들고-신들의 나라라서 특별한 걸까요?- 그 잎사귀 역시 신들의 나라의 정원에 있는 연못에 빠졌습니다. 그런데 어느 날 잎사귀가 잘못해서 하계의 무 강-홋카이도 히다카 지방을 흐르는 강. 토마코마이에서 약간 동쪽에 위치-에 빠지고 말았습니다. 신은 그 잎사귀가 썩어버리게 그냥 내버려 둘 수가 없어서 물고기로 살아가도록 생명을 주었습니다. 그래서 스사무(시샤모)가 강을 올라오는 것은 언제나 단풍이 들 무렵인 것입니다.

몸길이 15㎝ 정도의 연어 목, 바다빙어 과인 이 물고기는 홋카이도의 히다카, 쿠시로 지방의 연안을 회유 이동합니다.

산란기인 10월 하순~12월 상순이 되면 **암컷과 수컷이 한데 뒤섞여서** 무리 지어 강을 거슬러 올라갑니다. 그리고 바다의 영향을 받지 않도록 하구에서 1~4㎞ 정도 떨어진 장소를 골라 깊이 60㎝ 정도의 모래 바닥에 알을 낳습니다-모래에 잘 달라붙도록 알은 부착막에 감싸여 있습니다.-

물론 물고기이기 때문에 체외 수정을 합니다. 암컷이 낳은 알에 배우자인 수컷이 즉시 정자를 방출해서 수정시키는 것입니다.

옛날에는 강에 어량을 쳐서 잡았다고 하는데 회유하는 시샤모가 가장 많을 때는 강 한 면이 전부 시샤모로 뒤덮였다고 합니다. 강 속을 걸어가면 강바닥을 밟기 전에 시샤모를 밟을 정도였다고 합니다-시샤모는 밟힐 정도로 둔한 걸까요? 아니면 역시 도망갈 곳이 없을 만큼 강이 붐비고 있는 건가요?-

산란기의 암수 구별은 배가 부푼 정도에서 확실하게 드러납니다만 수컷의 몸은 번식기에 더 더욱 검은 빛을 띠는 것이 특징입니다. 그리고 꼬리지느러미가 암컷에 비해 훨씬 커지는 것도 특징이지요. 수컷과 암컷을 눈으로 구분하는 법은 아주 간단합니다.

역시 아줌마들이 손으로 슥슥 골라내고 있는 걸까요?

시샤모는 성숙하기까지 만 2년이 걸립니다. 암컷은 첫 산란으로 약 6,000개의 알을 낳고 바다로 돌아가 대부분 힘이 다해서 죽습니다. 그런데 가끔 체력이 있는 암컷도 있어서 다음 해까지 살아남아 이번에는 약 12,000개의 알을 낳습니다-더 오래 살아남아서 산란수를 늘리는 시샤모도 있습니다.-

 | 알밴 시샤모는 가짜였다!

참고로 시샤모는 수컷이나 암컷이나 바다 속에 있는 시기에는 기름기가 없어서 맛이 없다고 합니다.

그런데 여기서 진실을 밝히겠습니다.

여러분이나 제가 술집 같은 곳에서 「시샤모」를 주문하면 대체로 3~4마리가 파슬리와 레몬 조각과 함께 나옵니다. 그리고 슈퍼마켓 같은 곳에서는 「알밴 시샤모」라는 이름이 붙은 팩 속에 들어 있습니다. 하지만 장담하건대 그것들은 절대로 진짜 시샤모가 아닙니다.

그것들은 열빙어-영어명 Capelin, 일본명 카라후토 시샤모-입니다.

열빙어는 북태평양, 북대서양에 살며 시샤모와 똑같이 연어목, 바다빙어 과의 물고기입니다. 시샤모와 계통상으로 대단히 가까운 종으로서 당연히 모습과 크기도 똑같습니다.

시샤모는 1960년대까지는 진짜 시샤모였습니다. 하지만 인기가 높아짐에 따라 공급이 수요를 따라가지 못하게 되고 말았습니다. 그래서 70년대부터는 대부분 노르웨이나 아이슬란드산 열빙어를 대용하게 되었던 것입니다–이 가짜는 카라후토 시샤모라고 불릴 정도니까 일본 근해에도 있습니다만 그것들이 우리 입에 들어오는 일은 없습니다.–

열빙어가 시샤모와 다른 점은 비늘이 잘다는 것입니다–말은 이렇게 해도 저는 진짜 시샤모를 먹어본 적이 없어서 감이 잘 오지 않습니다. 다만 진짜 시샤모의 비늘이 가짜보다 거칠다면 먹기 힘들겠지요. 실제로 진짜는 머리와 꼬리가 딱딱해서 먹지 못한다고 합니다.–

그리고 시샤모 수컷이 번식기에 몹시 검게 변하는 것에 비해 열빙어는 그렇지 않습니다.

다만 열빙어의 경우에도 시샤모와 똑같이 번식기에는 수컷이 암컷보다 엉덩이지느러미가 발달합니다. 물론 배가 부푼 것도 그렇지만 열빙어에겐 아마도 그 점이 암수 구별의 기준이 될 겁니다.

수컷의 꼬리지느러미가 발달하는 이유는 정자를 방출할 때 커다란 엉덩이지느러미로 암컷의 생식공을 덮어서 정자가 흩어지

 알밴 시샤모는 가짜였다!

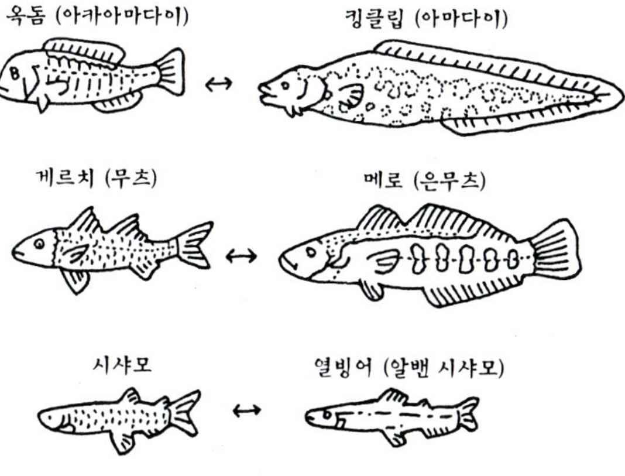

※ 그림으로 생각하는 성과 방향감각

* 우측의 큰 생선들은 외국산 수입어들이며 모두 일본에 들어올 때 정식 이름이 아닌 별칭으로 불리게 되었음. 킹클립은 절인 아마다이 혹은 아마다이로, 메로는 은무츠로. 열빙어는 약간 다른 경우지만 위의 두 가지 생선과는 달리 시샤모와 비슷하게 생겨서 위화감이 적다는 뜻.

지 않도록 하기 위해서입니다. 흩어지지 않으면 수정 효율이 좋겠지요. 번식기에 커다란 엉덩이지느러미를 가진 수컷일수록 자손을 많이 남길 수 있습니다. 따라서 수컷의 엉덩이지느러미는 번식기에 잘 발달하도록 진화한 것이라고 볼 수 있습니다.

시샤모가 성숙하는 데 2년밖에 걸리지 않지만 열빙어는 3~4년은 필요하다는 차이도 있습니다.

그리고 시샤모의 산란이 늦가을에서 초겨울에 걸쳐 있는 것에 비해 열빙어는 북구에서 3~4월, 북미에서 6~7월, 홋카이도-카라후토 시샤모-에서 늦봄에서 초여름까지입니다.

시샤모가 강을 거슬러 올라가서 산란하는 데 비해 열빙어는 바다의 물결이 이는 곳에 모여 **암컷과 수컷이 한데 뒤섞여서** 모래 바닥에 산란합니다-알은 역시 부착막에 싸여 있습니다.-

이 열빙어는 원래 현지에서는 비료나 기름의 원료로 밖에 쓰이지 않아서 인간이 먹을 수 없었다고 합니다. 그런데 갑자기 「알밴 시샤모」를 좋아하는 일본인을 위해 냉동해서 수출하게 된 것입니다.

어쨌든 우리가 즐겨 먹는 「알밴 시샤모」. 알에 압도되어 나중엔 뼈와 가죽밖에 안 남는 ㄱ 오독오독한 식감의 생선은 노르웨이나 아이슬란드 아줌마들이 손으로 슥슥 골라내는 거였다고

 알밴 시샤모는 가짜였다!

해두죠.-확실한 것도 아니지만-

 그렇게 골라내진 수컷의 운명은 가축용 사료의 원료로 쓰입니다.

 맛으로는 진짜 시샤모가 월등히 좋다고 하는데 어차피 가짜밖에 먹어본 일이 없어서 모르겠습니다. 그보다 맛있다니 진짜는 어떤 맛일까요? 한번이라도 좋으니까 구경이나 해봤으면 좋겠네요.

 다만! 평소에 먹는 「시샤모」보다 맛없고 훨씬 싼 「시샤모」가 돌아다니면 그것은 바다빙어일 가능성이 있습니다. 바다빙어는 실제로 오이 향이 나면서 산란기에는 특히 더 강해집니다. 불에 구워도 냄새가 날 정도라고 합니다.

 이것도 한번 구경이나 해보고 싶어지는군요.

알밴 시샤모는 가짜였다!

오키나 메구미가 주연한 「오토기리소우弟切草」라는 영화가 있습니다. 아마도 공포 영화였다고 기억하는데 어차피 보지 않았기 때문에 내용은 모릅니다.

하지만 오토기리소우가 무엇인지 궁금해지면서 그 발음이 귓가에서 떠나지 않습니다. 그런데 「오토기리소우」는 왜 「오토기리소우」인 겁니까? (연령불명, 남자)

영화는 보지 않았지만 저도 궁금했던 참입니다.

오 · 토 · 기 · 리 · 소 · 우.

발음이 신기한 제목이네. → 왜 「오토기리소우」인 걸까? → 궁금해진다. → 영화를 보자.

이런 효과를 노린 걸까요?

아무튼 「오토기리소우」*는 실제로 존재하는 식물입니다.

일본에서는 7~8월에 노란 꽃을 피우고 높이는 약 20~60㎝입니다. 잎사귀에는 검은 반점, 뿌리에는 빨간 반점이 있습니다.

일본에 귀화한 서양 오토기리라는 식물도 있습니다.

　그리고 무엇보다도 오토기리소우는 독초입니다. 히페리신이라는 독이 풀 전체에 고루 퍼져 있습니다.

　특히 잎사귀의 경우는 유질과 붉은 색소인 히페르신이 뭉쳐서 검은 반점이 됩니다. 뿌리의 경우엔 유질이 없기 때문에 히페르신의 붉은색이 그대로 나와서 붉은 반점이 되는 것입니다.

　이 히페르신이라는 독은 섭취했을 때 구토 등의 증세는 일어나지 않지만 피부의 표면에 닿았을 때가 문제입니다. 햇빛(자외선)을 흡수해서 염증을 일으킨답니다. 심한 경우에는 피부가 괴사해서 죽음에 이르는 경우도 있습니다.

　당연히 피부의 얇은 부분이나 색소가 적은 부분-눈꺼풀, 코, 입술 주변-이 피해를 입기 쉽고 피부가 하얀 사람, 백인종일수록 위험합니다.

　오토기리소우를 먹은 소나 말도 역시 색깔이 하얀 가축일수록 피해를 입기 쉽습니다.

　그러나 독초라는 것은 대부분의 경우 약초이기도 합니다. 오토기리소우도 쓰는 방법과 용량에 따라서 약초로 변신합니다.

오토기리소우를 꽃이 필 무렵 잘라내서 건조시킨 것을 바로 「제절초弟切草」 혹은 「소연요小連翹」라고 하며 달여낸 물은 구강청결제로, 쪄낸 것은 지혈할 때나 종기에 직접 붙이면 효과가 있습니다. 그 밖에도 진통, 이뇨, 월경 불순, 편도선, 기침 등에 효과가 있습니다.

제절초라는 이름은 사실 약초로 쓰이면서 유래된 것입니다. 『독초대백과-오쿠이 신지 저, 데이터 하우스. 국내 미출간-』에 의하면 10세기에 카잔천황(제위 984~986) 시절에 세이라이라는 매잡이가 있었습니다.-성은 불명-

어느 날 세이라이의 매가 상처를 입었지만 그가 어떤 풀을 으깨서 상처에 문지르자 순식간에 나았습니다.

사람들이 그 풀이 어떤 풀인지 꼭 가르쳐 달라고 부탁했지만 그는 '저희 가문에 전해 내려오는 비밀입니다' 하고 가르쳐 주지 않았습니다.

그런데 세이라이의 남동생이 애인이 졸라대자 무심코 가르쳐 주고 말았습니다.

 진짜 있었던 「오토기리소우」의 공포

화가 난 세이라이는 남동생을 칼로 베어버렸습니다. 그 이후로 그 풀은 「제절초弟切草」라고 불리게 되었습니다. 잎사귀의 검은 반점은 그때 남동생이 뿌린 핏자국인 것입니다.

서양에도 비슷한 전설이 있는데 이 경우에는 제절초가 「요한초(St. John's Wort)」로 불리고 있습니다.

이 풀의 꽃이 세례 요한-예수보다 6개월 먼저 태어나서 예수에게 세례를 준 인물. 12사도 중의 요한과는 다른 인물-이 참수형에 처해진 8월 27일에 피었을 때, 당시에 뿌려진 핏자국이 붉은 반점으로 뿌리에 남았습니다. 그래서 사람들은 6월 24일 성 요한 축일 전날 밤에 이 풀을 따다가 출입문에 걸어놓아 마귀를 쫓는 부적으로 삼고 있습니다.

참고로 풀을 으깨서 상처에 붙인다는 것은 히페르신으로 염증을 일으킬 위험성이 높다는 말이 되겠지요.

오토기리소우 외에도 별난 이름의 식물은 산더미처럼 많습니다. 예를 들면 헤쿠소카즈라*屁糞葛가 있습니다.

으깨면 역한 냄새가 풍기기 때문에 이런 이름이 붙었지만 야이

진짜 있었던 「오토기리소우」의 공포

토바나灸花[뜸꽃], 혹은 사오토메바나早乙女花[처녀꽃]이라는 예쁜 이름도 있습니다. 전자는 꽃잎 안쪽의 적자색 부분이 뜸을 뜬 자국처럼 보이기 때문이고 후자는 가지에 꽃이 붙어 있는 모습이 처녀의 비녀 같기 때문입니다.

마마코노시리누구이* まま子の尻拭い.

굳이 설명하지 않아도 다 알 만큼 무서운 이름의 풀입니다. 갈고리 모양의 가시가 가지와 삼각형으로 생긴 잎사귀 뒷면에 나 있습니다. 의붓자식의 학대에 대해 연구하고 있는 마틴 데일리와 마고 윌슨은 저서 『신데렐라가 구박받았던 진짜 이유』에서 '가시가 많고 넓은 잎을 가진 Polygonum Senticosum이란 식물은 일본에서 의붓자식 밑씻개라고 불릴 정도이다' 라고 열거하고 있습니다.

하시리도코로* 走り野老.

오토기리소우와 마찬가지로 독초이자 약초로 쓰입니다. 뿌리줄기를 건조시킨 깃을 스코폴리아근(낭탕근)이라 하여 예로부터 생약으로 이용해 왔습니다. 동공을 확장시키는 효과가 있어

 진짜 있었던 「오토기리소우」의 공포

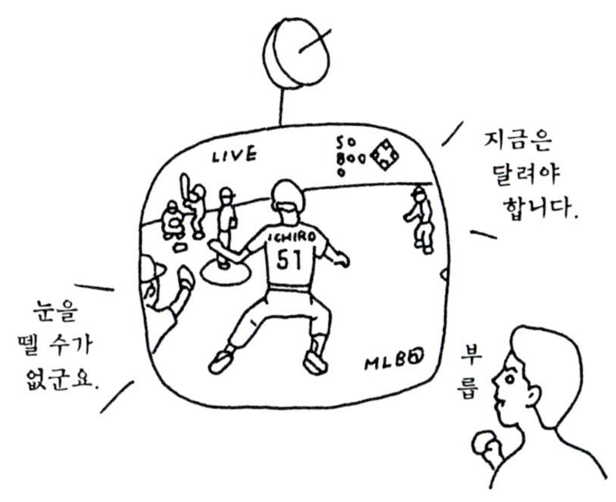

※ 동공이 활짝 열리게 만드는「달리는 사람」

서 서양의 아트로파 벨라도나의 일본판입니다.

아트로파 벨라도나는 서양의 귀부인들이 그 과즙에서 얻은 액을 묽게 희석해서 눈에 넣어서 동공을 확장시키기 위해서 쓰였던 식물입니다. 동공이 확장되면 '당신에게 관심이 있어요' 라는 신호가 되어 매력적이고 섹시하게 보이는 것입니다. 다만 실명과 같은 폐해도 컸기 때문에 곧 쓰이지 않게 되었습니다.

주요 독은 히오시아민(아트로핀)으로 풀 전체에 퍼져 있으며 뿌리줄기에 가장 많습니다. 하시리도코로에 닿은 손으로 눈을 비비면 그것만으로도 동공이 확대되어 눈이 안 보이게 됩니다.

하시리도코로라는 이름은 이 풀을 먹은 사람이 열이 오르고 고통스러운 나머지 때로는 옷까지 벗어 던지고 알몸으로 뛰어다니는 것에서 유래했습니다. 물론 그때 동공도 활짝 열려 있었겠지요.

한도 끝도 없으니까 이 정도에서 그치겠습니다. 다만 식물의 명명을 둘러싸고 이런 드라마도 있었다는 이야기를 하나 하겠습니다.

시클라멘은 다 아시겠지요? 누구나 알고 있는 그 시클라멘입니다. 하지만 이것은 학명이 일반적으로 부르는 이름이 된 드문 예입니다. 사실 일본명 중 하나는 「돼지의 만두」랍니다.

이 이름은 메이지 17년(1884년), 도쿄대 조교수였던 오쿠보 사부로기 일반적으로 불리는 영어명인 소브레드 Sowbread-Sow는 암돼지-를 거의 그대로 직역한 것입니다-땅속의 줄기

 진짜 있었던 「오토기리소우」의 공포

가 전분을 저장한 부분인 덩이줄기가 만두나 빵을 뭉개놓은 듯
한 형태를 하고 있습니다.– 그런데 메이지 말기에 와서 유명한
식물학자 마키노 토미타로–당시 도쿄대 조수–가 이름이 이래
서야 아름다운 꽃이 아깝다고 생각했습니다. 그래서 그는 새빨
간 시클라멘을 '마치 햇불 같군요'라고 평한 당시의 귀부인 쿠
죠 타케코의 표현을 빌려서 「카가리비바나」(햇불꽃)이라고 명
명했던 것입니다.

 그러나 결국 어느 쪽도 정착되지 못했습니다. 시클라멘이라는
이름의 발음이 너무나 멋져서가 아닙니다.

 시클라멘(Cyclamen)은 영어의 사이클(Cycle)에 해당되는 라
틴어로, 야생종의 줄기가 빙글빙글 꼬여 있는 것에서 유래했답
니다.

진짜 있었던 「오토기리소우」의 공포

타케우치의 경력을 읽고 나서 투서를 드리게 되었습니다. 저희 집 장남이 후기시험 단독지원에 두 번이나 실패했는데 교토대학 이학부를 포기하지 못하고 삼수 중입니다.

부모 입장에서는 빨리 직장을 구했으면 하는 마음이 솔직한 심정입니다만 교토대학 이학부라는 곳이 그렇게 매력적인 곳인가요? 또, 그곳을 졸업하면 어떤 진로가 기다리고 있지요? (45세, 여자)

그렇습니다! 교토대학 이학부는 굉장히 매력적인 곳입니다. 마치 천국 같았어요.

먼저 뭐니 뭐니 해도 유가와, 토모나가, 후쿠이, 토네가와, 노요리 등 빛나는 교토대학 출신 노벨상 수상자들이 있습니다—저는 1학년 때 유가와 히데키의 강연을 들은 적이 있습니다. 노벨상 수상자는 아니지만 이마니시 킨지의 강연도 들었지요.—

히다카 토시타카, 오카다 토킨도, 테라모토 에이, 모리 츠요시—당시 교양부—를 빌누로 하는 개성적인 교수들도 계십니다—경칭은 생략—

저는 실제로 히다카 선생님의 제자가 되었지만 선생님을 둘러싼 에피소드는 수없이 많습니다. 어떤 것을 소개해야 할지 고민될 정도에요. 하지만 공개해도 지장이 없을 만한 것은 이것입니다. 바로 학점 사건이지요.

어느 날 교수실을 방문한 학생이 다른 사람도 아닌 히다카 선생님께 '히다카 선생님께 학점을 받으러 왔는데… 선생님 계신가요?' 하고 말했습니다.

선생님은 평소와 같이 담배를 뻑뻑 피우며 말씀하셨습니다.

"자네 말이지. 아무리 그래도 오늘은 못 주겠네. 나중에 다시 오게."

오카다 토킨도 선생님의 새 차 자랑.

생각지도 못하게 책이 잘 팔려서 거액의 인세가 쏟아져 들어온 오카다 선생님께서는 꿈에 그리던 새빨간 알파 로메오를 구입하셨습니다.

그 소문을 들은 사무국 사람들이 주차장에 나타났습니다.

"오카다 선생님께서 좋은 차 사셨다던데 어떤 건가?"

"그러게. 어느 차지?"

그러자 선생님이 2층 창문을 벌컥 열고 외치셨습니다—선생님 방에서는 주차장이 훤히 내려다보입니다.—

"내 차 저거야, 저거!"

누가 이름 붙였는지 모르겠지만 「도킨도호」를 얻어 타보기도 했답니다.

당시 제가 살던 하숙집은 이학부가 있는 북부 캠퍼스 북문에서 겨우 몇십 미터 거리에 있었습니다.

"데려다 줄게."

"아뇨. 금방이에요."

"괜찮으니까 타."

저는 북문까지 약 300m를 그저 말없이 앉아 있었습니다.

아마도 선생님께서는 새 차를 샀으니 여학생을 한번 태워보지 못하면 직성이 풀리지 않는다는 일종의 「수집벽」을 발휘하신 모양이었습니다.

별난 학생.

 동물행동학을 배우기 위해서는

　교토대학은 더욱 별난 생각을 하는 학생일수록 훌륭하다고 보는 교풍이 있습니다. 당연히 독특한 학생이 모여들지요. 더구나 각자가 서로 경쟁하며 절차탁마하기 때문에 더 더욱 돋보이게 됩니다.

　게다가 하숙생은 대학교와 아주 가까운 곳에 살고 있습니다. 밤마다 서로의 하숙집에 놀러 가서 아침까지 이야기꽃을 피우기도 합니다. 그래서 「별난 생각」이 그치지 않는 걸까요?

　그리고 교토는 자연과 문화가 가까이 있는 것이 매력입니다.

　예를 들어 다이몬지산大文字山－大 자의 각각의 면이 길이 되어 있으며 산 정상의 해발은 466m－에는 점심 먹고 잠깐 산책하는 기분으로 갈 수 있습니다. 등산 입구에서 大 자까지 올라가는 데 25분, 내려가는 데 20분 정도. 시내를 한눈에 내려다보면서 휴식하면 약 1시간 코스입니다.

　「철학의 길」처럼 일부러 관광객이 보러 오는 장소가 일상적인 산보 코스이기도 합니다.

　미술관, 박물관, 콘서트나 라이브 공연장, 극장, 대형 서점, 도

서관, 백화점, 사원, 신사, 뭐든지 있습니다. 교토에 없는 경우에는 오사카까지 가면 됩니다.

하지만 즐거운 것은 학부생 시절까지입니다. 제 경우에는 졸업할 때까지 어디에서도 전혀 취직 제의가 오지 않았습니다. 남자의 경우 드문드문 있었던 것 같지만 모두 고전했던 모양입니다.

그러나 단지 생물학-특히 동물학, 식물학-이 특별히 힘들었을 뿐이지 물리나 화학, 생명공학처럼 당장 쓸모있어 보이는 분야는 이야기가 다릅니다. 바로 기업의 연구소라는 길이 있지요.

노벨상 수상으로 유명해진 타나카 코이치가 성공을 거둔 이유는 토호쿠대학 공학부에서 대학원에 진학하지 않고 기업의 연구소에 들어간 것이 결정적이 아니었을까요?

원래부터 기업은 대학과는 비교도 안 될 정도의 예산이 있습니다-사실 대학이란 곳은 예산 부족을 한탄하며 연구하는 시설인 것입니다.-

더구나 기업에서는 개인의 업적을 존중해 주지만 대학에서는

동물행동학을 배우기 위해서는

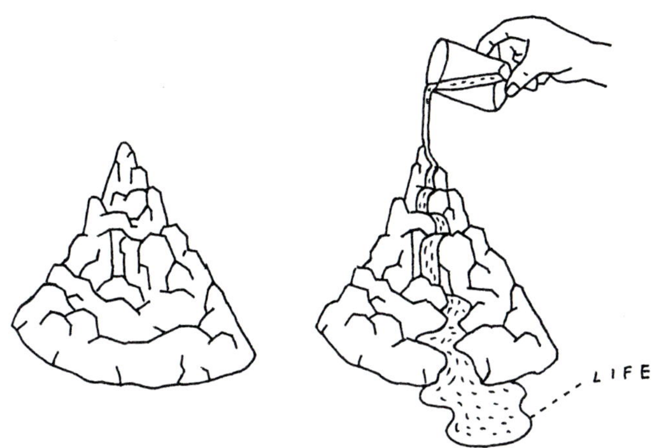

※ 가장 자연스럽게 흐르고 있는데도 굴곡이 많은 것처럼 보인다.

아주 젊은 연구자의 경우, 업적이 지도교관의 공으로 돌아갈 가능성이 있습니다.

타나카는 입사 4년 만에 노벨상을 탈 기회를 발견했는데 대학원으로 치면 박사과정 2년차 정도입니다. 이런 시기의 대발견이 설사 본인의 힘으로만 이루어졌다고 해도 지도교관을 제외하고 자신만의 업적으로 인정받는 일은 불가능합니다.

그런데 그 대학원에 들어간 경우는 어떨까요?

일단 즐거운 학생생활이–석사 과정까지라면–2년 혹은 5년간 연장됩니다. 하지만 역시 취직 문제가 남아 있습니다.

어설프게 먹물을 먹었기 때문에 기업으로 취직하기가 어려워집니다. 다만 대학을 졸업할 때와는 달리 대학의 교관이라는 자리가 있습니다.

하지만 저희 히다카 연구실처럼 분야 자체가 새롭고 각자의 연구가 너무 독특한 경우에는 적당한 자리를 찾을 수가 없습니다. 저와 동년배인 두 사람은 대단히 우수한데도 불구하고 마흔이 다 될 때까지도 일자리를 찾지 못했습니다. 히다카 선생님이 초대학장으로 계셨던 신설 대학에 겨우 자리를 얻었을 정도입니다.

저요? 제 얘기는 별로 참고가 안 될 텐데요. 저는 서른 직전까지 자신이 무엇을 할 수 있는지조차 모른 채 진로를 계속 바꿔대기만 하던 인생이었습니다.

제가 대학원생으로 먼저 들어간 분야는 동물행동학이 아니었습니다.

 동물행동학을 배우기 위해서는

감각생리학이었죠. 시각과 같은 감각이 어떤 원리로 전해지는지 연구하는 학문입니다.

그런데 제가 거기서 처음 깨달은 것은 손을 쓰고 몸을 움직이는 실험 연구에 제가 전혀 소질이 없다는 것이었습니다-너무 늦어!-

그리고 깨달음으로 따지자면 이쪽이 더 중요합니다만, 시각의 원리를 연구해 봤자 '왜지?' 하고 느껴지는 일상의 수수께끼에 대해서는 완전히 무력하다는 점이었습니다.

한동안 하는 일 없이 지내던 저는 어느 날 큰맘 먹고 히다카 연구실의 문을 두드렸습니다. 그렇다고 대단한 일을 한 것은 아니고 세미나를 견학할 뿐이었지만 말입니다.

그러는 동안 히다카 선생님께서 '이적하는 건 어떻겠나?' 하고 말씀하셨습니다.

저는 실험은 고생스러워서 싫다고 생각하면서도 선생님의 후의에 감사하며 이적했습니다. 최저한의 결과는 보였지만 싫은 건 역시 싫은 거라서 어쩔 수 없었어요. 그러자 선생님께서 말씀하

하셨습니다.

"좋아. 그러면 내 대신 책을 써주겠나?"

"네? 저한테 그런 건 무리예요!"

"무리인지 아닌지는 해보지 않고는 모르지 않나."

"그건 그렇지만."

그렇게 해서 드디어 제가 할 수 있는 일을 찾게 되었다는 이야기입니다.

참고가 되셨습니까? 

제 5 장
마음의 병을 생각한다

저는 「조울증」입니다. 정신과 선생님께 '어째서 정신병은 차별이나 편견을 가지거나 오해하는 거지요?' 하고 질문했는데 '어려운 질문이군요…' 하고 수긍할 수 있는 대답을 듣지 못했습니다.
어째서 정신병에 걸리면 '머리가 이상하다'라고 말하는 걸까요?
(28세, 여자)

먼저 제 이야기부터 해도 될까요?
저는 현재 우울증이 호전과 악화를 반복하는 상태입니다. 이야기는 15년 전으로 거슬러 올라갑니다. 하지만 이 일에 대해서는 빨리 잊고 싶어요. 저는 철이 들 무렵부터 이미 이상했습니다. 예를 들면 유치원 버스를 기다릴 때도 그랬습니다. 금방 버스가 도착할 시각이 되면 갑자기 소변이 마려워졌습니다. 버스에 타고 있는 동안 못 참으면 어떻게 하지? 그렇게 생각하면 생각할수록 더 더욱 화장실에 가고 싶어졌습니다. 물론 그래서 몇 번이나 버스를 놓쳤습니다. 부모님께는 혼나고 선생님도 한숨을 쉬셨지요.

 자취 생활을 시작하자 주로 문단속이나 불조심이 문제가 되었습니다.

 아무리 확인해도 걱정이 됐습니다. 자물쇠가 고장나지 않을까 걱정될 정도로 문 손잡이를 철컥철컥 돌려서 문이 열리지 않는다는 것을 확인하고 나서야 외출할 수 있었지요-실제로 고장날 뻔한 적도 있습니다.-

 그래서 여름엔 땀투성이가 되어서 외출했지만 외출 목적이 중요하면 중요할수록, 혹은 장시간 멀리 가는 경우일수록 문단속을 확인하기 위해서 되돌아가고 싶어지는 것입니다. 그 갈등이라니! 정말 괴로웠습니다.

 그런데 한참 뒤에 알게 된 사실이지만 이러한 병이나 병적인 증세는 신경전달물질인 세로토닌 부족으로 인한 현상이었습니다-정확히는 뇌신경 세포의 말단 가지들의 사이인 시냅스의 영역에 그 물질들이 부족한 것입니다.- 바로 그런 유전적 체질이란 말입니다.

확인병과 같은 강박 신경증의 증세는 바로 세로토닌의 부족에 의한 것이었습니다.

그것을 안 제가 감동으로 가슴이 벅찼던 이유는 몇 번이나 확인하는 행위, 남에겐 절대 보여주고 싶지 않은 그 부끄러운 행동은 확인을 되풀이함으로써 세로토닌을 증가시키려고 한다는 것이었습니다.

…….

양극성장애(조울증)에 대해서는 아직 확실히 밝혀지지 않았지만, 통합실조증(분열병)은 주로 도파민-역시 신경전달물질의 일종-과잉이 원인이라고 밝혀져 있습니다.

원인이 물질의 과잉이나 부족이라면 치료도 간단하지요!

질문해 주신 분도 당연히 약에 의한 치료를 받고 계시겠죠? 통합실조증도 최근에는 점점 약으로 낫는 일이 가능해졌다고 합니다.

요약하자면 이런 병들은 물질의 양이 문제란 것입니다. 그런데 많은 사람들이 그 사실을 모릅니다. 뇌의 구조에 이상이 있

 「조울증」을 역으로 이용하자

어서 근본적으로 이상하다 생각하고 있습니다. 정신병에 대한 편견이 없어지기 어려운 것은 바로 그 때문이겠지요.

유전자라는 것은 사람을 병에 걸리게 하기 위해서 별안간 이상을 일으키지 않습니다. 그저 변화가 일어나고 거기에 도태가 이루어지면서 그 결과로 남을 것은 남고 남지 않는 것은 남지 않는 것입니다.

그렇다면 현재까지 남아 있는 유전병은 뭔가에 대해 적응한 흔적일 것입니다. 더구나 그런 경우에는 본인뿐만 아니라 혈연 가족까지 포함해서 전체적으로 생각하는 것이 중요합니다.

정신병의 경우는 무엇에 대해 적응한 것일까요?

사실 정신병에는 이러한 경향이 있습니다.

위대한 업적을 이룩한 사람이나 천재의 아주 가까운 혈연 가족 중에서는 통합실조증과 양극성장애 환자가 대단히 많습니다.

통합실조증으로는 아인슈타인의 아들, 미나카타 쿠마구스[*]의 아들, 록 스타 데이빗 보위의 형 등 수없이 많을 정도입니다. 최근 노벨 의학생리학상 수상자들 중에서도 적어도 3명은 아

「조울증」을 역으로 이용하자

이가 통합실조증이라고 합니다.

　본인이 통합실조증을 발병한 경우에는 위업을 이룩하기 힘들지만 그래도 화가인 뭉크, 무용가인 니진스키, 화가 사에키 유조 등이 있습니다. 그리고 뉴튼이나 칸트도 한때 지금이라면 통합실조증으로 진단될 만한 병세를 나타냈습니다. 최근 노벨상 수상자 중에도 이 병에 걸린 사람이 있다고 합니다.

　어째서 통합실조증 환자의 가까운 혈연 가족 중에 천재가 많은 걸까요? 아마 이렇게 설명할 수 있을 겁니다.

　환자 본인은 도파민과 같은 물질이 과잉되어 장애를 일으키고 있습니다. 그러나 부모나 자식, 형제-어느 쪽이나 환자와 유전자를 공유할 확률은 1/2-, 조부모나 손자, 백부, 숙부, 외숙부, 고모, 이모, 생질, 질(확률 1/4), 사촌(확률 1/8) 등의 혈연가족은 환자 본인만큼 심하지는 않지만 과잉은 과잉이지요. 그러면 보통 사람에 비해 뇌의 움직임이 현격하게 활발합니다. 따라서 천재저인 능력을 발휘하는 것입니다.

　한편, 양극성장애의 경우에는 본인이 천재인 경우가 많은 것 같

「조울증」을 역으로 이용하자

※ 때에 따라 큰 차이로 이기는 위업을 달성한다.

습니다.

 여러분도 잘 알고 계시는 작가 키타 모리오, 동물행동학 분야에서는 제가 언제나 천재적인 이론가로 소개하는 로버트 트리버스 등이 있습니다.

 이 병의 경우에는 천재가 많은 이유에 대해서 이런 설명이 가능할 것입니다.

 양극성장애 환자는 「조증」 상태에서 여러 정신 활동이 보통 사람으로서는 있을 수 없을 정도로 활발해집니다. 그때 천재적인 영감을 발휘해서 업적을 이루는 것입니다.

트리버스가 바로 그런 예로서 「조증」일 때의 그와 2시간 동안 의론을 펼치면 다음날은 녹초가 되어서 몸이 말을 듣지 않는다고 『사회생물학』의 저자 E. O. 윌슨이 말했습니다.

그 트리버스가 최근 몇 년간, 아니 20년 정도일까요? 왠지 논문에 날카로움이 보이지 않는 것입니다. 그것은 그가 병을 완치시켰다는 의미겠지요.

통합실조증 환자는 발병하기 전까지 학업 성적이 우수한 경우가 많습니다. 부모가 대학 졸업자인 사람은 부모가 그보다 학력이 낮은 사람과 비교해서 통합실조증의 발병률이 2배나 높습니다.

양극성장애의 경우에도 그런 가계의 사람은 평균 지능이 다른 사람들보다 압도적으로 높다고 알려져 있습니다.

이렇게 일족이 지적으로 뛰어나다는 이점이 있으면서도 겉으로 보기엔 불리하게 보이는 이 두 가지 병이 우리에게 남았다

 「조울증」을 역으로 이용하자

고 생각할 수 있습니다.

그뿐만 아니라 영국의 의학자 D. 호로빈은 이런 가설까지 제창했습니다-『천재와 분열증의 진화론』, 카나자와 야스코 역, 신조사 참조.-

이 두 가지 병은 인간 성립의 열쇠가 되는 것은 아닐까 하고 말입니다.

사실 통합실조증 쪽은 인종을 불문하고 발병이 비교적 일정한 비율(0.7~0.9%)입니다.

그렇다는 것은 이 병은 인종이 분리되기 전부터 존재했다는 것이겠지요. 그리고 그 병이 지성, 창조성에 깊이 관계되어 있다는 것입니다. 우리는 통합실조증과 그에 밀접하게 관련된 양극성장애로 인해 뛰어난 지성과 창조성을 얻었습니다. 그렇게 해서 인간화의 길을 걷기 시작했을 리는 없겠지요?

「울증」은 '동면'이었다

「춘면불각효春眠不覺曉」라는 말이 있습니다.

그런데 동면하던 곰은 봄에 눈을 뜨는데 어째서 사람은 봄이 되면 잠이 올까요? (30세, 여자)

'가을 해는 우물에 두레박 떨어지듯' 이라는 말이 들려오는 계절이 되면 저의 「우울증」은 약속이라도 한 듯이 악화되기 시작합니다.

증세는 불면증입니다. 잠이 들어도 금방 눈이 번쩍 떠져서 그 뒤로는 괴로워하며 시간을 보낼 뿐입니다. 그렇지 않으면 1시간이나 2시간 간격으로 눈이 계속 떠집니다. 그때마다 이불까지 위아래로 들썩거리지 않을까 걱정될 정도로 심장이 두근두근 박동칩니다.

당연히 집중력, 기억력, 판단력 등이 저하됩니다. 여러모로 신경을 쓰는 작업이 힘들어집니다. 물론 일도 제대로 할 수 없습니다.

더 악화되면 거의 아무것도 하고 싶은 의욕이 일어나지 않게 됩니다. 방은 어지럽혀져 있고(평소 상태), 욕조는 곰팡이투성이에-평소에도 조금씩은 끼어 있지만-, 냉장고엔 형체를 잃어버린 토마토, 검게 변한 바나나, 유통 기한이 지난 요구르트, 햄, 반찬들이 방치되어 있지요.

그리고 최근엔 그런 일이 별로 없지만 문득 머릿속에 「죽음」이라는 단어가 스치고 지나가기도 합니다.

물론 이런 상황을 그저 수수방관만 하고 있지는 않습니다. 일단 항우울제의 용량을 늘립니다. 그리고는 기분 전환이 될 만한 일을 이것저것 해봅니다-한심한 일일수록 효과가 있습니다. 작년에 찾아왔던 우울증은 파친코 덕을 톡톡히 봤습니다. 파친코를 필두로 하는 도박 종류는 우울증에 절대적인 효과가 있습니다. 많은 사람들이 도박에 빠지는 이유는 본인은 깨닫지 못했을지도 모르지만 우울증이 경감되기 때문이 아닐까요?-

어쨌든 그렇게 함으로써 조금은 나아집니다. 하지만 역시 본질적인 부분에서는 아무리 노력해도 거스를 수가 없습니다. 이것은 뭔가 거대한 자연의 힘에 의해 움직이고 있다고 말할 수밖에 없어요.

적어도 제가 몇 년이나 경험하는 동안 알게 된 것은 해의 길이와 기온에 관계되는 것 같다는 점입니다. 우울증이 악화되는 시기는 해가 짧아짐과 동시에 기온이 내려가는 시기와 일치하는 것입니다. 그리고 동지가 지나고 해가 길어지기 시작하면 내면에서 뭔가 긍정적으로 변했다고 자각하게 됩니다.

그렇기 때문에 저는 11월부터 1월 사이에는 상태가 안 좋답니다. 여러분, 그때까지는 이해해 주세요.

제가 왜 이런 이야기를 오래 늘어놓았을까요?

실은 이렇게 겨울철에 우울 증세가 나타나는 이유는 「동기우울증」이라는 어엿한 병이기 때문입니다. 동기우울증은 계절성 감정장애라고도 불립니다.

그리고 이 동기우울증은 바로 동면이랍니다!

정확히 말하자면 다람쥐나 땅다람쥐 같은 소형 포유류의 동면과 본질적으로 같은 현상으로 보이기 때문입니다.

네? 너무 단락적이라고요?

아니요. 분명한 이유가 있답니다.

 「울증」은 '동면'이었다

『동면하는 포유류-카와미치 타케오, 콘도 노리아키, 모리타 테츠오, 도쿄대학 출판사, 국내 미출간-』에 따르면 동기우울증과 다람쥐과 포유류들의 동면이 둘 다 매년 겨울에 일어나는 내인성 일년 주기에 따라 제어된 생리 현상이라는 것입니다.

더구나 일부러 기온을 높여서 동면하고 있는 동물을 깨웠더니 인간과 똑같은 우울증 상태를 보였다고 합니다.

인간의 우울증에 깊이 관계하는 신경전달물질인 세로토닌과 잠의 열쇠를 쥐고 있는 물질 멜라토닌이 동면과 관계가 있을 가능성도 밝혀졌습니다.

그리고 결정적인 실마리는 이것입니다. 억지로 깨운 동물들에게 항우울제를 투여했더니 다시 동면하려고 하는 것입니다!

이것으로 동기우울증이 다람쥐과 포유류의 동면과 본질적으로 같은 현상이라고 볼 수 있습니다. 결코 표면적으로 파악한 것이 아닙니다. 그뿐만 아니라 동면에 대해서 이렇게 역설적인 생각을 하는 학자도 있습니다.

동면은 자고 있는 것이 아닙니다. 아니, 깊게 잠들어 있지 않습

「울증」은 '동면' 이었다

니다.

 그 증거로 「동면」이 긴 동물일수록 봄에 「깨어난」 이후에 더 잘 잔다는 것입니다.

 처음부터 동면과 동기우울증이 본질적으로 같은 것이라고 이해한 우리에겐 그다지 신기한 일도 아닐 겁니다. 무엇보다도 깊이 잠들 수 없는 것은 우울증의 가장 큰 특징이니까요. 동면하는 동물도 깊이 잠들지 않는 것입니다.

 어쨌든 인간이 「춘면불각효春眠不覺曉」한 것은 많든 적든 누구나 다 동기우울증을 가지고 있기 때문이 아닐까요? 겨울에 쌓인 수면 부족을 보충하기 위해서 봄에 정신없이 자는 것입니다.

 그리고 동면하는 동물이야말로 「춘면불각효春眠不覺曉」할 겁니다. 동면하는 동물은 모두 극도의 수면 부족에 빠져 있답니다.

 여러분은 동면에 대해서 어떻게 생각하십니까?

 '동면. 그것은 식량이 부족한 겨울에 체온을 저하시켜서 잠들거나 몸의 활동을 억제함으로써 고난을 극복하는 지혜. '

 이렇게 생각하는 것이 일반적일 것입니다. 그런데 최근에 이

 「울증」은 '동면' 이었다

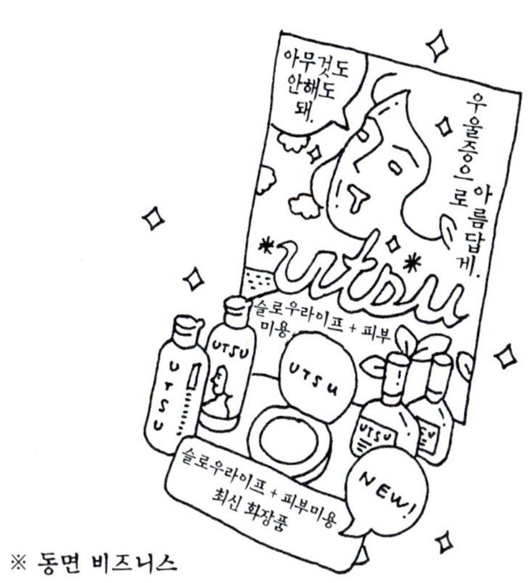

※ 동면 비즈니스

러한 생각 자체까지도 근본부터 뒤집히고 말았습니다.

동면이 생명을 유지하고 오래 살기 위한 수단이자 수명을 연장시키기 위한 전략이라는 것입니다.

체온이 높으면 세포 분열 등의 신진대사가 활발해집니다. 그것은 유전자 복제나 전사, 단백질 합성 등도 왕성해지는 것을 의미합니다. 그러면 유전자 복제 실패 등이 빈발하게 되어 세포와 조

「우울증」은 '동면' 이었다

직이 이상해지거나 열등화, 더 나아가서는 암과 같은 질병을 일으키게 됩니다. 더구나 이와 같은 질병의 진행은 대사가 활발해진 까닭에 빠릅니다.

그러나 체온이 낮고 대사가 활발하지 않으면 그러한 나쁜 현상이 빈발하지 않습니다.

뿐만 아니라 동면하는 동안에는 세균에 감염된 상태라도 그 증식이 억제되고 동면에서 깨어났을 때는 놀랍게도 완치되어 있는 것입니다!

게다가 동면기에는 방사선에 대한 저항력이 증가하여 발암성 화학 물질에서 조직을 보호할 수 있습니다. 동면에는 긍정적인 의미가 큰 것입니다.

그렇다면 당연히 동면하는 동물 쪽이 수명이 길겠지요. 실제로 다람쥐의 수명이 11년을 넘는 것에 비해 동면하지 않는 쥐나 생쥐는 2~3년 정도입니다. 더구나 같은 동면을 하는 동물 중에서도 자주 동면하는 개체일수록 장수하는 경향이 있다는 것입니다.

그러면 저처럼 동기우울증 증세가 확실한 사람은 「동면」의 소

 「울증」은 '동면' 이었다

질이 충분한 인간이라는 뜻이 아닐까요?

 저도 장수할 수 있는 걸까요?!

 적어도 저는 신진대사가 활발하지 않은 타입입니다. 체온도 낮고 추위도 많이 타고 저혈압이지요. 배도 잘 고프지 않고 적게 먹어도 배가 부릅니다. 그리고 모든 면에서 속도가 느리답니다.

 이런 저에게 아주 유일한 장점은 언제나 10~20살 젊게 보인다는 것입니다-마흔 셋에 여고생으로 오인받은 경우도 있습니다.-

 대사가 활발하지 않아서 세포가 좀처럼 노화하지 않는 걸까요? 아니, 단지 발육이 늦될 뿐인가?

ぎ end.

 인간은 왜 애완동물을 기르는 걸까요? 기르는 사람과 안 기르는 사람은 어떻게 다르지요?

그리고 사랑하는 애완동물이 죽었을 때, 많은 사람들이 '또 가슴 아픈 건 싫으니까 애완동물 기르는 건 포기해야지'라면서 한참 있다가 다시 애완동물을 기르는 사람이 많은데 그건 왜 그렇죠? (연령불명, 단 것을 좋아하는 여자)

애완동물을 기르는 이유.

개, 고양이, 토끼, 햄스터, 금붕어, 새 등등. 뱀을 제외하고는 뭐든지 키우고 있는 저로서는 당연한 일입니다. 귀여우니까요. 이 한 마디로 끝나지요.

좀 더 정확히 설명하자면, 보는 것만으로도 마음이 온화해지고 쓰다듬으면 기분이 스르르 녹아내리듯이 좋아지니까요. 힘든 일이 있어도 잊어버릴 수 있으니까요. 이 아이를 위해서 기운을 낼 수 있으니까요.

자기 자식이랑 똑같지 않냐고 말씀하시는 분도 계실 테지만 다르답니다. 자식을 가진 적이 없는 제가 말하기는 뭐하지만 분명히 다릅니다.

자기 자식의 경우에는 귀여움에 푹 빠지기도 하지만 다른 한편으로는 안절부절못하고 때려주고 싶어질 때도 있지 않습니까? 하지만 애완동물은 그런 일이 없습니다. 할퀴거나 물어도 불쾌하지 않아요. 오히려 애완동물의 마음을 알아주지 못해서 미안하게 느껴집니다.

알고 계신 분도 많겠지만 이와 같이 애완동물과의 교감을 이용한 치유를 애니멀 테라피라고 합니다. 이 애니멀 테라피는 가정 내에서는 물론이고 지금은 양로원이나 치매 노인 시설, 정신 병동이나 일반 병동 등 치료하는 장소에서도 주목받으며 큰 성과를 올리고 있습니다.

이 분야에서 오랫동안 종사하고 계신 요코야마 아키미츠의 『애니멀 테라피란 무엇인가-NHK 북스, 국내 미출간-』에 의하면 일본에 있는 양로원에서 래브라도 리트리버를 두 마리 기르기 시작하자 그때까지 40%나 되던 폐용증후군* 환자가 0%가

되었다고 합니다.

미국 미시건 주의 메디컬 센터에서 인공투석 중인 환자를 작은 개가 문병하러 가자 환자의 아픔이 완화되고 혈압도 안정되었습니다.

오하이오 주의 주립병원에서 정신 질환 치료로 애완동물을 돌보게 한 결과, 폭력을 휘두르는 일이 줄어들고 도덕성이 개선되었습니다.

더 나아가서는 건강한 사람이라도 애완동물을 기르기 시작한 사람이 그렇지 않은 사람보다도 두통, 요통, 감기 등의 증세가 적었습니다.

심장병의 위험성이 있다고 진단받은 5,741명 중 애완동물을 기르고 있는 784명은 그렇지 않은 사람에 비해 평균 혈압이 2% 낮고-별 차이가 없나요?-콜레스테롤 수치도 낮았습니다.

이러한 경향은 개뿐만 아니라 고양이를 기르는 사람에게도 일어났기 때문에 개의 산보로 인한 운동 효과는 아닌 것 같습니다.

고령자 938명을 조사해 보자 애완동물을 기르는 사람과 그렇

 동물은 마음의 치료제

지 않은 사람 중에서 기르는 사람 쪽이 병에 걸려 진찰받는 횟수가 적었습니다.

배우자를 잃은 노인 중에서 가까운 친구가 없는 경우, 애완동물을 기르고 있으면 심한 우울 증세를 보이는 일이 거의 없습니다. 그런데 애완동물을 기르고 있지 않으면 절반 이상이 심한 우울 증세에 빠지게 되었습니다… 등등.

이 「애니멀 테라피」에 대한 이야기는 1960년대까지 거슬러 올라간다고 합니다.

심리학자인 보리스 레빈슨은 칩거증후군[*] 경향이 강한 아이를 담당하고 있었습니다. 그러나 치료가 순조롭지 않아서 교착 상태에 빠졌는데 어느 날 그가 기르던 개 징글스가 그 아이에게 달려들어 꼬리를 흔드는 해프닝이 벌어졌습니다. 그러자 그 아이의 마음은 단숨에 열렸고 치료도 진척되었습니다. 그렇게 해서 레빈슨은 애완동물을 치료에 이용하게 되었고 그 효과의 정도를 학회에 보고했습니다.

동물에 의한 치료 효과의 가장 대표적인 예는 심근경색입니다.

　1980년, 미국의 E. 프리드먼과 연구진들은 심근경색 발작 후 1년이 지난 50대 환자 100명에게 전화로 조사를 했습니다-무응답도 포함.-

　그러자 애완동물이 있는 사람이 없는 사람에 비해 사망률이 압도적으로 낮았습니다. 애완동물이 있는 54명 중 사망자는 겨우 3명이었습니다. 그러나 애완동물이 없는 40명 중 사망자가 11명을 넘었던 것입니다.

　하지만 전화 조사로는 정확성이 떨어지고-죽은 사람은 전화를 받을 수 없으니까요- 조사인수가 적다는 비판이 나왔습니다. 그래서 프리드먼과 연구진은 95년에 다시 한 번 조사를 했습니다.

　심근경색 발작 후 1년이 지난 환자 369명을 조사한 것입니다.

　그러자 애완동물(개)을 기르고 있거나 혹은 과거에 길렀던 87명 중 사망자는 1명뿐이었습니다.

　애완동물을 기르고 있지 않거나 혹은 과거에 기르지 않았던 282명 중에서는 사망자가 19명에 달했습니다.

 동물은 마음의 치료제

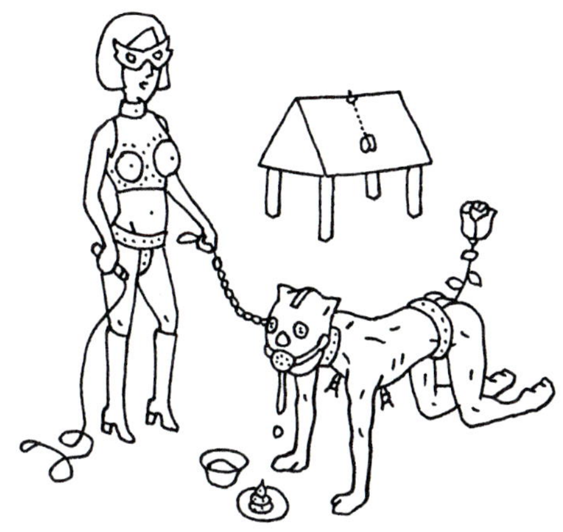

※ 또 다른 애완동물의 세계

　역시 애완동물은 치유 효과가 있습니다. 뿐만 아니라 질병의 발생이나 진행을 막습니다. 면역력을 높이는 효과도 있다고 합니다.

　그리고 놀라운 사실은, 아니, 애완동물을 좋아하는 사람이라면 놀랄 일도 아니겠지만 인간을 치유해 주는 애완동물도 동시에 인간에 의해 치유되어 건강해진다고 합니다.

　사람이 쓰다듬어 주는 동안 개의 심박수와 혈압이 내려간답니다.

개에게 종을 울리고 동시에 다리에 찌릿한 자극을 가하는 조건을 주는 실험을 했습니다. 그러자 찌릿한 자극 없이 종만 울려도 심박수가 올라갔습니다. 그런데 곁에 사람이 있을 경우에는 종이 울려도 심박수가 올라가지 않고 오히려 내려갔던 것입니다.

물론 애완동물 테라피는 개나 고양이를 싫어하는 사람이나 무서워하는 사람에게는 적당하지 않습니다-그런 사람에게 치료를 행했을 때, 실제로 키워보면 푹 빠질 거라고 생각합니다만·····

그런데 우리는 어떻게 해서 애완동물에게 치유받는 걸까요? 치유는 동물에 한정되지 않고 식물에게서도 치유받는다고 합니다. 다만 아무래도 독이 있거나 위해를 가할 수 있는 동물이나 식물은 안 되겠지요.

여기서 떠올릴 수 있는 것은 인류 진화의 역사입니다. 우리에게는 많은 동식물과 공존하며 살아온 역사가 있습니다.

다만 단순히 공존하는 것만으로는 안 됩니다. 단순히 공존하는 것만으로는 이 정도로 서로 치유해 주며 면역력에 영향을 미치지 않을 것입니다. 공존으로 인해서 우리와 애완동물에게 뭔

 동물은 마음의 치료제

가 상당한 이점이 생긴다는 말이겠지요.

요코야마는 개에 대해서 이렇게 말하고 있습니다. 우리에게 있어서 그들은 조그만 소리까지 포착하는 든든한 파수꾼, 더 나아가서는 사냥의 동반자입니다. 그러한 공로의 상으로서 그들은 포획물의 일부를 받았습니다.

한편, 고양이는 쥐를 잡아줍니다. 쥐는 곡식을 어지럽힐 뿐만 아니라 때때로 전염병을 옮기기 때문에 고양이는 우리에게 고마운 존재입니다. 고양이는 그 보답으로 집이라는 안전한 장소를 얻었습니다.

다만 고양이보다 개 쪽이 우리와 공존한 역사가 길기 때문에 그만큼 서로 잘 치유하도록 진화한 것은 아닐까요?

두 번 다시 애완동물을 기르지 않겠다고 말한 사람이 금세 다시 기르는 이유는 간단합니다.

사랑하는 애완동물을 잃고 매우 낙심하는 증세를 페트 로스 증후군(Pet-Loss Syndrome)이라고 합니다. 그런데 이 페트 로스 증후군을 극복하기 위한 단 하나의 유효한 방법이 다시 새로운 애완동물을 기르는 것입니다.

실연의 충격에서 벗어나는 최선의 방법이 새로운 사랑을 찾는 것과 같은 이치랍니다.

제 아내는 그럭저럭 30년 동안 다도를 즐기고 있습니다. 다실에서 다도에 따라 차를 마시고 있으면 마음이 아주 안정된다고 하더군요.

아내는 정좌를 해서 자세가 좋아지기 때문이라고 추측하고 있지만 그 이유가 무엇인지요? 왜 다도에는 마음을 안정시키는 효과가 있는 것입니까? (58세, 남자)

유명한 다도가 센 리큐千利休가 주군 토요토미 히데요시의 분노를 사서 할복을 하게 된 이야기는 잘 알고 계실 겁니다.

하지만 그가 야마자키 합전이나 큐슈 정벌, 오다와라 공격과 같은 전쟁 시에 전장까지 히데요시를 따라갔다는 사실을 알고 계십니까?

군사도 아닌 그가 어째서 합전의 자리에 있었던 걸까요?

그것은 바로 그가 히데요시의 다도 스승이었기 때문입니다. 리큐의 역할은 다도로서 무장들의 흥분한 마음을 치유하고 안정시키는 것이었습니다. 그는 다도 공간을 약 1평 정도로 대단히 좁게 만들어서 그 효과를 더욱 높였다고 합니다.

다도의 목적이 마음을 치유시키고 안정시키는 것에 있고 이를 위해 연구까지 했다니……. 그렇다면 다도를 통해 마음이 안정되는 것은 당연하겠지요.

하지만 다도 공간을 좁게 만드는 것도 마음을 안정시키는 연구도 리큐가 최초가 아니랍니다. 다도의 시조인 「와비차」의 시조라고 할 수 있는 사람은 무로마치 시대의 무라타 쥬코라는 인물입니다.

원래 승려였던 쥬코는 당시에 크게 유행하던 투차鬪茶-말차를 마시고 교토 토가노오 산인지를 맞추는 놀이-라는 놀이에 깊이 빠지고 말았습니다. 그는 차를 위해 절을 버리고 각 지방을 방랑하게 되었습니다.

이윽고 그는 교토 대덕사의 잇큐 선사를 스승으로 삼고 승려로서 대성하게 됩니다. 그러는 동안 선禪의 마음은 다도를 행함으로서 찾을 수 있다는 깨달음을 얻게 됩니다.

무라타는 주군인 아시카가 요시마사에게 넓은 공간에서는 안정을 얻을 수 없다며 객실을 병풍으로 둘러서 2평 남짓 되는 다도 공간을 제안했습니다. 그 이름 높은 금각사의 동구당 동인재는 그의 제안에 따라 만들어진 것입니다.

그런데 요시마사가 살아 있는 동안에는 「와비」의 정신이 담긴 다도를 공공연하게 추구할 수 없었습니다. 결국 무라타 쥬코를 대신해서 와비차를 완성시킨 것은 자치 도시 사카이의 상인의 아들인 타케노 조오라는 인물이었습니다.

처음엔 노래의 길을 지망해서 상경한 조오는 쥬코의 계통을 이어받은 다도인에게 다도를 배워서 이윽고 「와비차」의 완성을 이룩했습니다.

「와비わび」의 정신이란 조심스럽고 검소한 것을 뜻합니다.

그러한 정신을 기반으로 다실을 간소한 초가집으로 만들거나 꽃을 꽂는 그릇으로 대나무로 짠 바구니를 쓰거나 꽃도 들판에 피는 꽃을 사용하게 되었습니다. 다기나 찻잔도 일상에 쓰이는 그릇과 구분해서 사용하게 되었던 것입니다.

다도도 마음의 치료제

리큐는 그 조오의 제자로서 같은 사카이의 상인 가문 출신이었습니다.

그는 먼저 오다 노부나가를 섬겼습니다. 그런데 얼마 지나지 않아 「혼노지本能寺의 변」[*]이 발생했습니다. 그래서 리큐는 갑작스럽게 히데요시의 부름을 받고 아케치를 치기 위해 야마자키 합전에 합류하게 된 것입니다.

그러나 한쪽은 검소한 와비차의 계승자. 한쪽은 벼락출세한 천하인. 이 두 사람이 잘 조화되기란 어렵겠지요.

히데요시는 어느 날 마침내 금으로 만든 차 끓이는 솥에 금빛 찬란한 다기를 갖춘, 금으로 도배한 다실을 만듭니다. 이는 리큐에 대한 일종의 선전 포고였을지도 모릅니다. 그리고서 리큐는 히데요시의 노여움을 사서 할복하게 됩니다.

그런데 무슨 이야기를 하고 있었죠? 맞아요. 「다도를 하면 마음이 안정되는 이유」를 설명하고 있었지요.

그 이유를 들자면, 먼저 다실도 물론 좁지만 다실에 들어갈 때 이용하는 특별한 문도 좁습니다. 다실로 들어가는 문은 속세와 결별하고 겸허한 마음을 가지기 위한 것이라고 합니다. 그렇다면 기분도 틀림없이 달라지겠지요.

「와비」를 추구하기 위한 간소하고 수수한 도구들과 다실 자체의 디자인도 진정 효과를 가져옵니다.

제 친구에게 물어보니 차를 끓이는 가마솥이 슉슉 소리를 내는데 그것이 뭐라 말할 수 없이 좋은 풍취라서 마음이 안정된다고 합니다. 그 소리는 솔숲에 바람이 스치는 솔바람 소리와 비슷해서 쇼라이*松籟라고 불리기도 한답니다.

그리고 다도회를 열 때는 향을 피웁니다. 당연히 치유의 효과가 있겠지요.

그러나! 무엇보다도 압도적인 진정 효과를 가진 것이 있습니다. 바로 차 그 자체입니다. 차에는 티아닌이라는 진정 효과를 가진 물질이 포함되어 있습니다. 티아닌은 맛 성분이기도 해서 쓴맛성분인 카테친과는 다른 성분입니다-카테친의 일종인 에피갈로카테친 갈레이트는 각종 질병 예방과 치료에 강한 효과를 가지고 있습니다.-

타이요 화학㈜의 오쿠보 츠토무와 연구진들은 피험자를 그냥 물을 마시게 한 그룹과 티아닌을 넣은 물을 마시게 한 그룹으로 나눴습니다. 각 그룹의 뇌파의 α파-편안한 상태에서 잘 나옴-를 뇌파 토포그래피라는 기법을 사용해서 조사하는 것입니다.

그러자 티아닌을 마신 그룹에서는 섭취 후 40~60분 정도 지났을 때 후두부를 중심으로 α파가 강하게 나타났습니다. 그냥 물을 마신 그룹에서는 그런 변화가 나타나지 않았습니다. 티아닌의 효과는 절대적인 것입니다.

말차에는 그 티아닌이 특히 많이 들어 있습니다-옥로도 마찬가지입니다.-

참고로 그것은 말차와 옥로를 직사일광을 차단하고 기르는 것이 크게 관계됩니다.

항암 작용 등 많은 힘을 가진 카테친은 원래는 차나무가 자외선 대책으로 만들어낸 것입니다. 더구나 티아닌의 분해물에서 카테친이 합성되는 것입니다. 그렇다는 것은 직사일광을 맞지 않고 차나무를 기르면 자외선 대책이 거의 필요없다는 뜻이

※ 여름에 시도하지 않는 이유

되겠지요. 티아닌에서 카테친으로의 합성이 진행되지 않고 티아닌이 많이 유지되는 것입니다.

또한 차는 600종류 이상의 방향성 성분이 포함되어 있어서 아로마테라피 효과도 있습니다.

그런데 차에 수많은 질병을 예방하고 마음을 진정시키는 효과가 있다면 녹차나 말차를 자주 마시는 다도 선생님 같은 사람은 굉장히 오래 살지 않을까요?

토호쿠 대학 의학부의 후카오 아키라 씨와 연구진들은 도쿄 우라센케*裏千家의 다도 선생님 3,380명-50세 이상의 여성-을 대상으로 1980년부터 9년간에 걸쳐 조사했습니다. 그러자 같은 시기, 같은 세대에 도쿄에 살고 있는 같은 수의 일반 여성 사망자 수와 놀랄 만큼 차이가 나타났습니다.

다도 선생님이 되려면 가정이 유복하거나 품위가 있거나 다도 이외에도 몇 가지 장수 요인이 있을 것입니다. 하지만 이 수치는 그런 요소와는 거의 관계없이, 차-특히 말차-를 마음껏 마시면 장수하기 쉽다는 것을 의미하고 있습니다.

그렇다면 유파의 종가는 어떨까요?

『결정판 다도입문-센 겐시츠 감수, 탄코사, 국내 미출간-』의 계보를 바탕으로 산센케*三千家 종가의 수명을 검토해 봤습니다.-생년부터 향년까시-

그러자 센 리큐의 손자 소우탄이 80살, 소우탄의 차남이자 무사노코지센케의 창시자인 소슈가 82살. 그 밖에는 눈에 띄게 장수한 사람이 없었습니다.

 우라센케는 5세 소시츠가 31살, 6세가 32살, 7세에 이르러서는 12살에 요절했습니다.

 다도 종가도 힘든 자리인가 봅니다.

어린 시절에 제가 좋아할 거라고 여기셨는지 어머니가 토끼를 키우셨습니다. 하지만 '자아, 토끼 봐라' 하고 보여주셔도 하나도 기쁘지 않았어요.

그런데 신기하게도 어른이 되자 토끼나 고양이, 개 같은 작은 동물이 귀여워서 정신을 못 차리게 되었습니다. 어째서 이런 심경의 변화가 일어난 것일까요? (35세, 남자)

저도 어린 시절에는 개, 고양이가 싫었습니다. 귀여운 것보다 먼저 무서웠어요. 개는 덤벼들지 않나, 고양이는 할퀴질 않나…….

공포심이 사라진 것은 대학교에 들어간 이후였습니다. 조금 제 자신에게 자신감이 붙었다고 할까요? 적어도 이젠 어린애가 아니라는 자각이 생긴 무렵이었습니다.

어째서 이런 심경의 변화가 일어나는 걸까요?

데스몬드 모리스는 재미있는 실험을 했습니다.

TV 동물 프로그램 중에서 4세부터 14세의 아이들에게 좋아하는 동물이 무엇인지 물어봤습니다. 그러자 작은 아이일수록 큰 동물을 좋아하고 나이를 먹으면서 작은 동물을 좋아하는 경향이 나타난 것입니다.

코끼리나 기린 같은 커다란 동물에 대해 물어보자 코끼리는 4세에서는 15%의 아이들이 좋아했지만 14세에서는 3%가 되었고 기린도 마찬가지로 10%가 1%로 감소했습니다-도중에 상승하는 일 없이 서서히 감소.-

부쉬베이비-소형 영장류인 갈라고의 총칭-와 개의 경우에는 부쉬베이비가 4세에서 5.5%였지만 14세에서는 11%로, 개도 마찬가지로 0.5%에서 6.5%로 상승했습니다-이것도 서서히 증가.-

그리고 중간 크기의 동물에서는 이러한 경향이 별로 뚜렷하지 않았습니다.

모리스는 이러한 현상에 대해서 다음과 같이 설명하고 있습니다.

'작은 아이일수록 동물을 부모의 대리로서 보고 크고 믿음직한 동물을 선호한다. 한편 큰 아이는 동물을 자식의 대리로서

아이는 작은 동물을 싫어해? 혹인 선수는 수영을 싫어해?

이해하고 작고 사랑스러운 동물을 선호하는 것이 아닐까?'

다만 이 설이 나온 것은 1960년대입니다. 본질적으로는 올바른 생각이지만 설명의 방법이 약간 구식입니다. 그래서 실례를 무릅쓰고 다름 아닌 제가 현대적으로 바꿔서 다시 표현해 보도록 하겠습니다.

'작은 아이일수록 타인의 보호가 필요하기 때문에 부모나 연상의 형제처럼 큰 사람에게 끌린다.

큰 아이일수록 타인의 보호가 필요치 않게 되고 반대로 보호하는 입장이 된다. 따라서 연하의 형제나 더 나아가서는 자기 자식과 같은 작은 사람에게 끌린다.'

두 경우 모두 그런 성질을 가지고 있는 것이 자신의 유전자를 남기기에 유리합니다. 연하의 형제나 자식을 보호하는 경향은 그들에게 존재하는 자신과 동일한 유전자를 지키기 위해서겠지요. 따라서 위와 같은 성질들이 나타났습니다. 나이와 함께 끌리는 존재가 큰 사람에서 작은 사람으로 변해가도록 진화한 것입니다. 동물의 기호는 그 반영일 것입니다.

아이는 작은 동물을 싫어해? 혹인 선수는 수영을 싫어해?

질문해 주신 분의 어머님은 실은 자신이 토끼를 좋아하니까 자식도 좋아할 거라고 생각하셨을 겁니다.

질문해 주신 본인은 코끼리나 기린 같은 믿음직스러운 동물을 기르고 싶었겠죠. 하지만 어른이 된 지금은 보호해 줘야 할 대상이라는 신호를 보내는 토끼나 개, 고양이가 귀엽게 느껴지게 된 것입니다.

올림픽 육상경기, 특히 단거리 경주를 보고 있으면 흑인 선수의 활약이 두드러집니다.

그에 반해 수영에서는 그들의 활약이 전혀 없습니다. 지금은 그런 일이 없다고 생각하지만 혹시 흑인은 백인과 같은 풀에서 수영할 수 없는 건가요? 저로서는 단순히 인종 차별 문제라고 생각되지는 않는데요. (23세, 남자)

2000년 시드니 올림픽 때, 수영 남자 100m 자유형에서 일약 스타가 되어버린 흑인 선수를 기억하고 계십니까?

아이는 작은 동물을 싫어해? 흑인 선수는 수영을 싫어해?

※ 어느 쪽도 타의 추종을 불허하는 단독 1위

분명 아프리카의 어느 나라 대표였는데 다른 선수의 2배에 가까운 시간에 걸쳐 골인 지점에 도달했습니다-미국은 아닙니다. 그 정도 수영 솜씨로 대표로 뽑힐 리가 없어요.-

그의 수영 솜씨는 정말 올림픽 선수인가 의심스러울 정도였습니다. 그러나 제 눈에는 그의 수영 솜씨가 서툴다기보다도 그저 몸이 물속에 가라앉지 않도록 발버둥 치며 허우적대고 있는 것으로밖에 보이지 않았습니다.

아이는 작은 동물을 싫어해? 흑인 선수는 수영을 싫어해?

당시의 기억이 애매해서 조사해 봤습니다.

주간 『경마북-2000년, 10월 8일호-』 카나자와 잇세이의 「헤엄쳐라, 무삼바니!」라는 에세이에 의하면 무삼바니 선수는 다른 선수에게 큰 폭으로 뒤처졌던 것이 아니었습니다. 그는 혼자서 헤엄치고 있었던 것입니다.

먼저 남자 100m 자유형 예선이 치러졌는데 그 예선 1조의 출전 선수가 겨우 3명이었습니다. 나이지리아와 타지키스탄의 선수 각각 1명씩과 적도기니-그냥 기니와는 다른 나라-의 무삼바니 선수였습니다.

그런데 이 경기는 무삼바니 이외의 두 명이 부정 출발로 실격되고 말았습니다. 따라서 무삼바니 선수 혼자만의 레이스가 되었던 것입니다.

당시 무삼바니 선수의 기록은 1분 52초 72. 네덜란드의 P.반 덴 호헨반트 선수의 우승 타임 48초 30의 2배 이상입니다.

참고로 올림픽에 출전하기 위해서는 먼저 통과해야 할 기준이 있는데 수영 남자 100m 자유형의 경우는 1분 10초입니다.

아이는 작은 동물을 싫어해? 흑인 선수는 수영을 싫어해?

다만 한 나라당 남녀 1명씩 한 종목에 한해서 참가할 수 있다는 규칙이 있어서 기록의 좋고 나쁨은 관계없었던 것입니다.

그러나 많은 사람이 갈채를 보낸 것처럼 무삼바니 선수로서는 출장한 것 자체에 커다란 의미가 있었습니다.

올림픽은 아무리 못해도 참가하는 것에 의의가 있으니까?

NO!

흑인은 뼈의 밀도가 다른 인종보다 높습니다. 더구나 매우 근육 질이기 때문에 몸의 부피에 비해서 체중이 많이 나갑니다. 따라서 체중을 지탱해 줄 부력을 얻기 힘들어서 뜨는 것만도 힘들기 때문입니다.

수영에 흑인 선수가 적은 것은 실은 이런 이유가 있는 것입니다.

육상 경기에 흑인 선수가 많은 것은 바로 이와 반대 이유입니다. 근육이 월등하게 우수하기 때문이지요.

특히 단거리 경주에 아프리카계 미국인이 많은 것은 그들의 기원지가 서아프리카이고, 그 서아프리카인의 근육에는 속근선유速筋線維와 산소를 필요로 하지 않는 효소가 많기 때문입니다-단

 아이는 작은 동물을 싫어해? 흑인 선수는 수영을 싫어해?

거리 경주는 거의 호흡하지 않고 달립니다.-

한편, 동아프리카인의 근육은 유산과 같은 피로에 관계된 물질이 잘 만들어지지 않는다고 알려져 있습니다. 과연 장거리 경주에서는 에티오피아, 케냐 등 동아프리카 선수의 활약이 두드러집니다.

그건 그렇고 미국 학교에서는 체육 수영 시간에 어떤 수업을 받는 걸까요? 누가 좀 알려주세요.

제6장
미노 몬타*도 모르는 육체의 비밀

얼굴이 크면 머리가 좋다?

 저는 얼굴(머리)가 큰 것이 고민입니다. 왠지 보는 사람마다 전부 얼굴이 너무 작아 보여요.

전부터 궁금했는데 얼굴 크기는 인종, 지역, 사는 환경에 따라서 달라지는 건가요? 그리고 큰 얼굴과 작은 얼굴의 이점은 뭔가요? 마지막으로 머리의 크기로 뇌나 지능이 차이가 날 수도 있나요? 꼭 가르쳐 주세요. 부탁드려요. (14세, 여자)

유럽에서 모자를 사려고 했더니 전부 작아서 머리에 들어가지 않았다는 이야기는 자주 들어보셨겠죠?

그것도 그럴 것이 유럽인과 일본인은 머리의 크기와 형태가 전혀 다르기 때문입니다-실제로 고질라 마츠이*는 양키즈에서 제일 머리가 커서 모자도 특별 주문한 것이라네요.-

캐나다의 심리학자 J. P. 러쉬톤은 이 문제에 관한 얼마 안 되는 연구자 중 한 명일 것입니다. 그는 여러 형질과 성질에 관해 인종 간의 비교를 하는 연구를 하고 있는데 그로 인해 일부 사람들에게 미움을 받고 있을 정도입니다. 아무튼 「연구밖에 모르는 바보」 러쉬톤은 물론 머리의 크기(용량)에 대해서도 연구하고 있었습니다.

미군 병사가 입대할 때 받는 신체검사 항목 중에 머리 사이즈가 있고 미국에는 모든 인종이 모여 있기 때문에 자료를 뽑을 수 있었답니다.

인종	단위(㎜)
몽골 인종	1,403
코카서스 인종	1,361
아프리카 인종	1,346

-『네이처』 358권, 187 페이지, 1992년 자에서-

몽골 인종이 제일 크고 코카서스 인종, 아프리카 인종순으로 이어집니다. 코카서스 인종과 아프리카 인종의 차는 겨우 15㎜입니다.

그런데 미국에서 '코카서스 인종이 아프리카 인종보다 머리가 크다니 무슨 소리냐!' 라는 비판이 일었습니다.

냉정하게 읽어보면 비판이 아니라 '코카서스 인종은 아프리카

얼굴이 크면 머리가 좋다?

인종보다 머리가 약간 크다. 몽골 인종은 다른 인종보다 월등
하게 크다. 그건 어째서인가?' 라는 의문이 나올 텐데 말입니
다. 그런데 몽골 인종에 대한 건 어디 가고 오로지 '코카서스
인종이 아프리카 인종보다 머리가 크다고 주장하는 것은 괘씸
하다!' 라는 비판뿐이었습니다.

인종 간의 머리 크기의 차이는 어떻게 생기는 것일까요?

그것은 머리의 형태에 따른 차이가 크답니다.

장두長頭와 단두短頭라는 단어를 알고 계십니까?

장두는 머리 폭이 좁고 앞뒤로 긴 타입의 머리를 말합니다.

단두는 머리 폭이 넓고 앞뒤로 짧은 타입의 머리를 말합니다.

만약 수평으로 자른다면 장두는 단면이 타원형에, 단두는 원
에 가까운 형태가 될 것입니다. 거기서 유추할 수 있는 것처럼
단두가 장두보다 용량이 크고 머리가 큰 경향이 있는 것입니다.

3대 인종 중 몽골 인종은 부정의 여지가 없는 단두이고 코카
서스 인종과 아프리카 인종은 장두입니다. 그리고 아프리카 인
종 쪽이 코카서스 인종보다 장두의 경향이 큽니다.

 얼굴이 크면 머리가 좋다?

말하자면 머리 크기는 단순히 단두와 장두의 경향을 반영하고 있는 것에 지나지 않는다는 말입니다.

몽골 인종은 2종류가 있는데 신 몽골 인종과 구 몽골 인종으로 나뉩니다.

신 몽골 인종은 지금부터 약 2만 년 전에 최후의 빙하기가 정점에 달했을 무렵, 시베리아 근처에서 혹독한 추위를 겪으며 한랭 적응을 이룬 몽골 인종입니다. 그에 비해 구 몽골 인종은 같은 시기에 남방에 있어서 추위에 영향을 별로 안 받은 몽골 인종입니다.

그런데 그 신 몽골 인종이 극도의 단두인 것입니다!—추위에 적응하기 위해서 진화한 걸로 보입니다.— 그 영향이 몽골 인종 전체의 단두 경향으로서 나타난 것입니다. 구 몽골 인종은 오히려 장두입니다.

현대에는 이미 신 몽골 인종과 구 몽골 인종의 혈통이 많이 섞여서 좀처럼 순수한 샘플이 없습니다. 그래도 신 몽골 인종색이 강한 지역, 구 몽골 인종색이 강한 지역은 있습니다. 일본의

※ 원화를 거의
그대로 옮겨놓았습니다.

경우도 마찬가지입니다.

일본열도에는 약 1만 년 전에 남방에서 구 몽골 인종의 일파가 건너왔습니다(조몬인). 기원전 3세기부터 기원후 7세기 무렵까지는 신 몽골 인종이 주로 한반도를 경유해서 간헐적이지만 끈질기게 건너왔습니다(도래인).

양자는 혈통이 섞였지만 그래도 조몬색이 강한 지역, 도래색이

 얼굴이 크면 머리가 좋다?

강한 지역은 남아 있습니다. 전자가 큐슈, 오키나와, 시코쿠나 키이 반도의 남단, 사이인, 호쿠리쿠, 토호쿠, 후자가 킨키, 칸토의 일부 지역입니다.

 그렇다면 조몬색이 강한 지역에서 머리 형태를 특정하면 장두의 경향이, 도래색이 강한 지역에서는 단두의 경향이 있는 건 아닐까요?

 사실 오래전 1920년대에 도쿄대의 마츠무라 료라는 인류학자가 일본에서 처음으로 지역 단위의 머리 형태를 조사했습니다-지역은 옛 지방명을 따르고 있습니다.-

 그러자 장두의 경향이 강한 지역은 순서대로, 오키隠岐(지금의 오키제도), 호키伯耆(지금의 톳토리현 서부), 이와키磐城(지금의 후쿠시마현 동부와 미야기현 남부에 해당), 시모우사下總(지금의 치바현 북부와 이바라기현 남서부에 해당), 사누키讚岐(지금이 카가와현 전역에 해당), 치쿠젠筑前(지금의 후쿠오카현 북부와 서부에 해당), 엣츄越中(지금의 토야마현 전역에 해당), 타지마但馬(지금의 효고현 북부), 우에노上野, 리쿠젠陸前(지금의 미야기현 대부분과 이와테현 일부에 해당) 등이었습니다.

단두의 경향이 강한 곳은 야마시로山城(지금의 쿄토 남동부에 해당), 이가伊賀(지금의 미에현 서부에 해당), 오우미近江(지금의 시가현), 사츠마薩摩(지금의 카고시마현 서부에 해당), 이즈미和泉(지금의 오사카 남부에 해당), 탄바丹波(도쿄 중부와 효고현 동부에 해당), 오스미大隅(카고시마현 동부와 오스미제도·아마미제도 해상에 해당), 야마토大和(나라현 전역에 해당), 히다飛彈(지금의 기후현 북부에 해당), 미노美濃(지금의 기후현 남부에 해당) 등이었습니다.—이상의 현재 지명명은 모두 역자 주—

약간의 예외도 있었지만 대체로 예상과 같았습니다. 장두는 사이인과 토호쿠 등지, 단두는 킨키 지방이 두드러졌습니다.

머리의 크기는 남녀 차도 있습니다. 물론 여자 쪽이 작습니다. 이유는 일단 여자 쪽이 몸이 작다는 것이지요.

머리의 크기가 몸에 비례한다면 당연히 여자의 머리는 남자보다도 작아집니다.

그리고 또 하나의 이유가 있는데 바로 에스트로겐—여성 호르

 얼굴이 크면 머리가 좋다?

몬의 일종-입니다.

 에스트로겐은 머리(얼굴)를 작게 만듭니다. 더 나아가서는 턱을 작게 만들고 입술을 도톰하게 만드는 작용도 합니다.

 그런데 머리의 크기와 지능과의 관계 말입니다만, 저는 겉으로만 내세우는 주장이 아니라 진심으로 전혀 관계가 없다고 생각합니다.

 머리가 커도 내실이 부실해서 구멍이 숭숭 뚫린 경우도 있고 작아도 내실이 알찬 경우도 있습니다. 마치 크지만 고장이 잘 나고 연비가 나쁜 미국차와 작고 성능이 좋은 일본차 같군요.

 그리고 애당초 어떤 요소를 지능으로 보는가 하는 문제도 있습니다. 흔히 말하는 지능검사는 코카서스 인종이 고안한 것인데 그 기준으로 모든 인간을 측정하는 것은 문제가 있습니다. 인종과 민족, 남녀는 각각 도태의 역사가 다르고 발달시킨 성질도 다릅니다-그러나 러쉬톤은 IQ 검사에서 가장 좋은 성적을 거둔 몽골 인종을 높게 평가하고 머리의 크기와 IQ는 대응한다고 생각하고 있습니다.-

이렇게 말하니까 질문해 주신 분께 별로 칭찬이 안 되는 것 같
군요.

하지만 얼굴이 크다는 것은 사소한 일에 불과합니다. 그것보
다도 질문해 주신 분께는 훌륭한 재능이 있지 않습니까?

여러분께 보여 드리지 못하는 것이 유감이지만 보내주신 엽서
의 일러스트가 완전히 요리후지(삽화가)의 패러디라서 이대로
실어도 아무도 눈치 채지 못할 정도랍니다.

자신이 가진 보물에 관심을 돌리세요!

하지만 얼굴이 큰 쪽이 좋은 평가를 받는 직업도 있습니다. 가
부키와 시대극 배우가 바로 그렇지요.

눈물을 흘리는 이유

눈물은 왜 나오나요? 「생리적으로 아플 때 나오는 눈물」
「슬플 때 나오는 눈물」「가짜 울음」은 남의 동정을 끌기
위해서라고 생각할 수 있는데 눈물에는 남의 동정을 끄는 성분이
포함되어 있는 건가요?

기쁠 때나 분할 때도 눈물을 흘리는 사람이 있습니다. 왜 그런
걸까요?

어미 소가 송아지와 이별할 때도 눈물을 흘린다고 하는데 인간
이외에는 어떤 동물이 울지요? (연령불명, 여자)

인간 이외에 눈물을 흘리는 동물이라고 하면 가장 먼저 떠
오르는 것은 바다거북입니다. 그 산란 장면 때문이겠지요.

바다거북은 알을 한 개씩 낳을 때마다 눈물을 주르륵 흘립니다.
보고 있으면 산란의 고통으로 눈물을 흘리는 것 이외에는 다른 이
유가 없는 것처럼 느껴집니다.

하지만 아니랍니다. 바다거북은 염분 조절이 중요한 문제입니다.
그들은 바닷물을 마시거나 먹이를 먹을 때 지나치게 섭취한 염분

을 눈물을 흘림으로써 배설하고 있는 것입니다.

바다거북은 바다에 있을 때도 눈물을 흘립니다. 하지만 우리는 그것을 볼 수 없고 눈물은 오직 산란 때밖에 보지 못합니다. 그래서 마치 산란의 고통으로 눈물을 흘리는 것처럼 보이는 것입니다.

바다표범도 눈물을 흘리는 것으로 알려져 있습니다. 하지만 염분 조절 때문이 아닙니다. 바다표범의 경우는 눈물을 코로 흘려보내는 통로인 비루관이 없습니다. 그래서 눈에서 눈물이 넘치는 것입니다.

그렇지만 일설에서는 물의 기화열을 이용해서 얼굴을 식히는 역할도 있다고 합니다-그렇다면 타마짱[*]도 한여름에는 눈물을 흘려서 얼굴을 식히고 있었을까요?-

육지에 사는 포유류들은 2종류의 눈물을 흘립니다.

첫 번째는 눈에 먼지가 들어갔거나 자극이 강한 기체가 들어갔을 때 눈을 보호하기 위해 흘리는 눈물입니다.

양파를 다질 때 눈물이 나오는 이유는 양파에 들어 있는 트랜

 눈물을 흘리는 이유

스-S-(1-프로페닐)-L-시스테인-설폭사이드라는 물질이 알리나제라는 효소에 의해 최루성 물질 1-프로페닐설펜산과 티오프로파날-S-옥사이드로 변화하기 때문입니다.

두 번째는 슬플 때, 기쁠 때, 억울할 때같이 격렬한 감정과 함께 나오는 눈물이 있습니다. 눈물이라고 하면 보통 이쪽이겠지요.

사실 이 2가지 종류의 눈물은 성분이 매우 다르답니다.

눈물 연구로 명성이 높은 윌리엄 프레이의 말에 따르면 후자는 전자에 비해 단백질이 20% 이상이나 많이 포함되어 있다고 합니다. 후자에는 그 외에도 노폐물을 배설하는 효과도 있어서 우는 행위는 스트레스에 의해 만들어낸 물질을 몸 밖으로 배출하는 의미가 있을지도 모릅니다.

그렇다면 슬픔, 기쁨, 분노와 같은 감정의 커다란 파도에 휩쓸려서 우는 것은 여러 가지 스트레스에 대한 방위 수단이 되겠지요-기쁨도 감정의 흔들림이라는 의미에서는 일종의 스트레스입니다.- 우리는 우는 행위로 그러한 스트레스 물질들을 쫓아내는 것입니다.

 눈물을 흘리는 이유

당연히 2종류의 눈물은 신경회로도 다릅니다. 뇌에서 눈에 이르는 삼차 신경을 뇌에 가까운 부분에서 절단하면 자극으로 인한 눈물이 안 나오게 되지만 감정적인 눈물은 나온다고 합니다.

그리고 이 2종류의 눈물 중 감정적인 눈물은 정말로 인간 특유의 것인 모양입니다. 많은 사람들이 개나 소도 우는지 조사해 보았습니다. 하지만 감정을 동반하며 우는 것은 인간뿐이라는 결과가 나왔습니다-그러면 어미 소가 송아지와 이별할 때 우는 것은 마침 그때 눈에 먼지가 들어갔을 뿐일까요?-

눈물에 타인의 동정을 끄는 물질이 포함되어 있지않느냐고 지적하셨지요?

저는 가능한 이야기라고 생각합니다. 눈물에는 동정을 끄는 것은 물론이고 남을 조종하는 힘이 있습니다. 눈물에 타인의 동정을 끄는 휘발성 물질이 포함되어 있어도 이상하지 않습니다.

특히 여자는 그 정도의 능력을 가지도록 진화했다고 해도 신기힐 일이 이닙니다.

하지만 감정적인 눈물이 인간 특유의 현상인가에 대해서는 이

 눈물을 흘리는 이유

* 가정 : 만일 사람이 한 달에 흘리는 눈물의
　　　　양이 1㎖라고 한다면.　　　　　　　　　1㎖/month

a. 1년 동안 전 세계 사람들이 흘리는 눈물의 양 = 약 7,600만 ℓ

b. 지구상의 큰 바다의 총 수량 =약 1,370조 ℓ

a로 b를 나누면

$$7600000\ \overline{)\ 1370000000000000000\ }\ 18026316$$

즉, 인구가 이대로 유지된다면 1,800만 년 후에는 눈물로 바다가 가
득 차게 될 것이다.

러한 관찰 예가 하나 있습니다.

마운틴고릴라입니다.

마운틴고릴라는 그 이름대로 아프리카 자이르, 르완다, 우간다
에 걸쳐 있는 산악 지대에 삽니다. 해발 약 3,000m까지도 살고
있으며 현재는 멸종 위기에 처한 귀중한 유인원입니다－동물원
에 있는 것은 대부분 로랜드고릴라입니다.－ 이 고릴라의 연구
로 유명한 다이안 포시는 이런 장면을 목격했습니다.

포시가 코코라고 이름 붙인 암컷 고릴라는 추정 나이 3세 반
~4세, 인간으로 말하자면 5~6세였습니다. 코코는 밀렵꾼에게
잡혀서 좁은 우리에 갇혀 쇠약사하기 직전에 포시가 보호하게
되었습니다. 그리고 고릴라에 대해 해박한 포시의 따뜻한 간호
로 조금씩 기운을 되찾게 되었습니다. 포시는 그때 자신이 목
격한 장면에 대해 이렇게 회상하고 있습니다.

'코코는 몇 분 동안 내 무릎에 얌전히 앉아 있었지만 이윽고
비소케의 산기슭을 가까이서 바라볼 수 있는 창문 아래 긴 의
자에 앉았다. 그녀는 아주 힘들게 의자에 올라가서 산을 바라
보았다. 갑자기 그녀가 흐느끼기 시작했고 정말로 눈물을 흘렸
다. 고릴라가 눈물을 흘리며 우는 것을 본 것은 이전에도 이후
에도 이때 단 한 번뿐이었다.-『안개 속의 고릴라』 다이안 포시
저, 하네다 세츠코, 야마시타 케이코 역, 하야카와 서방에서,
국내 미출간-

인간만의 특성이라는 것은 있을 수 없습니다. 제가 멋대로 만
든 법칙입니다만 '극히 시초에 불과한 조짐이라도 괜찮다면 그

 눈물을 흘리는 이유

특성은 이미 유인원에게서 찾아볼 수 있다' 는 감정적인 눈물에도 해당되는 것 같습니다.

포시는 1985년 말 조사지에서 사망했습니다. 밀렵꾼에게 살해당했다고 추측됩니다.

그런데 무슨 이야기를 하고 있었죠? 맞아요. 인간만이 감정적으로 운다는 것이었죠. 그 이유는 무엇일까요? 이 점에 대해서 애슐리 몬테규라는 인류학자는 이렇게 설명하고 있습니다.

인간은 유인원과 달리 아기가 어머니와 항상 한 몸으로 행동하지 않습니다. 이런 상황에서 중요한 것은 어머니를 불러들이는 능력입니다.

하지만 큰 소리를 지르면 곤란한 것은 코에서 목으로 이어지는 점막이 마른다는 것입니다. 점막은 호흡을 할 때 들어오는 박테리아 등을 잡아내는 덫과 같은 작용을 하기 때문에 박테리아의 증식을 막는 리조팀이라는 효소가 들어 있습니다. 그런데 그것이 마르면 그 기능을 잃어버리는 것입니다.

그래서 눈에서 눈물을 흘려서 비루관을 통해 코와 목을 적십니다. 눈물은 실은 코와 목을 적시기 위한 것이라고 합니다.

눈물에는 리조팀이 들어 있어서 몬테규설은 유력한 가설입니다.

아이의 울음소리를 듣고 뛰어온 어머니는 눈물이 그렁그렁한 자기 자식을 발견하고 '불쌍해라. 젖이 먹고 싶었나 보구나' 하며 뭔가 행동을 취하게 됩니다. 말하자면 아이에게 조종당한 것이지요.

어른이 우는 것은 아기의 흉내입니다. 그렇게 해서 상대방을 조종하려고 하는 것일지도 모르겠네요.

수면 연구①
설마? 여자도 「아침××」를 한다!

단도직입적으로 여쭤보겠습니다. 「아침××」라는 것은 눈을 뜨기 얼마 전부터 일어나는 현상입니까? 전부터 궁금했는데 꼭 가르쳐 주세요. (29세, 남자)

인간의 수면에는 크게 2종류가 있다는 것은 여러분도 알고 계실 겁니다.

바로 REM 수면과 Non-REM 수면입니다.

REM 수면(램수면)은 Rapid Eye Movement의 약자입니다. REM수면에서는 감은 눈의 안구가 빙글빙글 움직이는 것이 특징이며 꿈을 꾸는 것도 이때입니다. 이것은 대뇌가 부분적으로 깨어 있기 때문입니다.

한편, Non-REM 수면(논램수면)에서는 안구가 움직이지 않고 꿈을 꾸지도 않습니다-Non-REM 수면은 깊은 Non-REM 수면과 얕은 Non-REM 수면으로 나눠집니다.-

이 2가지 수면이 진화상에서 어떤 관계에 있는지 알고 계십니까?

실은 REM 수면이 오래된 수면 형태이고 Non-REM 수면이 새로운 수면 형태입니다.

1억 3,000만 년 전, 조류와 포유류가 변온 동물인 파충류와 결별하고 항온 동물로서 출발한 무렵의 일입니다.

변온 동물은 원래 대뇌가 그다지 발달되지 않았고 더구나 잘 때는 체온이 내려갑니다. 그걸로 몸이 휴식을 취할 수 있기 때문에 그때까지 있었던 수면(REM 수면)으로 충분했습니다. 하지만 대뇌를 발달시키고 체온도 그다지 변화하지 않는 항온 동물의 경우에는 대뇌의 휴식을 취하기 위한 수면이 필요해졌습니다. 그래서 Non-REM 수면이 등장한 것입니다.

그렇게 되자 REM 수면은 어떻게 되었을까요? 마침 몸에 휴식을 취하게 한다는 것 외에 새로운 역할을 맡게 되었던 것입니다.

REM 수면은 Non-REM 수면에서 갑자기 일어나는 것이 불가능하기에 그 중개 역할을 하게 되었습니다. 더 나아가서는 꿈을 꾸어서 정보를 재편성하는 역할도 지니게 되었던 것입니다-후사에 관해서는 '기억을 잊기 위해서다' '아니, 기억을 강화시키기 위해서다' '아니다. 둘 다 아니다' 등 여러 가지 설이

　　수면 연구 ① 설마? 여자도 「아침××」를 한다!

있습니다.-

 그렇다면 하룻밤의 수면 중에서 REM 수면과 Non-REM 수면은 어떤 방식으로 출현하며 시간 분배는 어떻게 되어 있는 것일까요?

 사실 수면의 기본은 Non-REM 수면입니다. Non-REM 도중에 REM이 규칙적으로 약 4~6회 정도 끼어듭니다. REM 수면의 지속 시간은 점점 길어지는 경향이 있지만 대체로 십여 분에서 삼십여 분입니다. 만약 자연히 눈을 뜨게 된다면 최후의 REM 수면의 연장으로서 눈을 뜨게 되는 것입니다-REM과 Non-REM은 약 90분을 기준으로 반복됩니다.-

 그런데 사설이 길어졌군요. 오래 기다리셨습니다. 이 REM 수면을 할 때! 마지막 REM 수면이든, 중간 REM 수면이든 아무튼 REM 수면을 할 때는 그 대부분의 시간 동안에!

 남자뿐만이 아니라 여자도 어떤 부분이 변화하고 있는 것입니다!-유아도 마찬가지입니다.-

 남자는 물론 그 부분에 변화가 일어납니다. 그리고 여자는 발

수면 연구 ① 설마? 여자도 「아침××」를 한다!

생학적으로 그에 상당하는 클리토리스가 팽창하게 됩니다.

성적인 꿈을 꾸는 것도 그런 상태에서라고 합니다.

REM 수면은 본래 몸에 휴식을 취하게 하는 것이 주 역할인 수면입니다. 그래서 몸을 제어할 수 없게 됩니다. 그 때문에 몸이 제멋대로 변화하는 것이겠지요.

그런 까닭에 얼마 전부터라는 질문의 대답은 「최후의 REM 수면에 들어갈 무렵부터」입니다. 구체적으로는 약 20분 전부터일까요?

물론 그 이전의 REM 수면 때에도 깨닫지 못할 뿐이지 「변화」는 일어나 있습니다. 사실 「아침××」가 아니라 「REM××」인 것입니다.

「변화」는 오직 REM 수면에만 일어나기 때문에 REM 수면이 아닌 타이밍에 눈을 뜨거나 남이 깨우게 되면 「아침××」는 일어나지 않게 될 겁니다-이런 경우에는 어떠셨나요?-

이 현상이 일어나기 「얼마 전부터」 나타나는지는 역시 많은 사람들에게 오랫동안 의문이었던 모양입니다.

※ 그림) 수면 시간과 슬리퍼

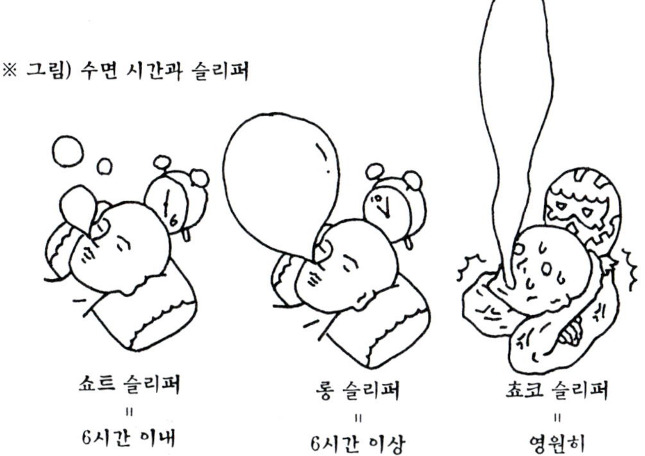

1940년대에는 남성이 자는 동안, 계속 곁에서 그의 「변화」를 모니터하는 연구자조차 있었습니다. 그래서 아침에 일어났을 때뿐만 아니라 도중에 몇 번이나 「변화」하는지 알게 되었던 것입니다.

그러나 REM 수면, Non-REM 수면이 발견된 것은 1953년이기 때문에 이 무렵에는 아직 알지 못했습니다. 따라서 REM 수면과의 관계까지는 포착하지 못했습니다.

수면 연구① 설마? 여자도 「아침××」를 한다!

뿐만 아니라 REM 수면이 발견되었어도 「변화」와의 관계에 금방 주의를 기울이지는 못했습니다. 결국 10년이 지난 뒤에야 다음과 같은 실험이 이루어져서 겨우 알게 되었던 것입니다.

연구자는 남성 피험자의 페니스에 고무 튜브를 감고 잠들게 했습니다. 튜브에는 수은이 들어 있어서 튜브가 늘어나는 정도가 전기 저항의 변화로 측정, 기록되었던 것입니다.

동시에 뇌파와 안구의 움직임도 측정해서 기록했습니다. 그렇게 해서 드디어 REM 수면과의 관계가 파헤쳐졌던 것입니다. 정말 긴 여정이었습니다!

그런데 잠깐 수면 시간에 관한 이야기를 하지요. 사실대로 고백하자면 저는 적어도 9시간, 만약 도중에 잠시 깨어 있었다면 총 9시간 이상은 자야 합니다.

조금이라도 수면이 부족하면 일이 뜻대로 되지 않습니다. 책이나 자료를 읽는 수동적인 일은 할 수 있어도 글을 쓰는 창조적인 작업은 전혀 불가능합니다. 아니, 정확히는 쓰기는 써도 이래도 괜찮은지 어디를 어떻게 고쳐야 되는지 알 수 없는 상태인 것입니다. '이런 호흡은 이렇게 배분해도 괜찮을까?', '아까 한 말이 이 시점에 독자의 머릿속에 남아 있는가?' 하는 판단능력이 둔해지는 것입니다. 잠을 푹 자면 계속할 수 있는데 말이에요.

 저는 이렇게 오래 자야 하는 것은 병약하기 때문이거나 혹은 게으름뱅이라서 그런 거라고 생각했습니다. 그러나 언제나 그런 것만은 아니라는 사실을 깨달았습니다.

 수면 연구의 세계에서는 9시간 이상 자는 사람을 롱 슬리퍼, 6시간 미만으로 자는 사람을 쇼트 슬리퍼라고 부릅니다. 전자는 신경질적이고 걱정이 많으며 준법정신이 약하고 독창적인 발상이 풍부한 경향이 있습니다. 후자는 낙천적이고 외향적이며 자신에 넘치고 고정관념을 가지고 있다는 경향이 있다고 합니다.

 장시간파는 뇌와 신경을 혹사하고 형태에 구애받지 않는 발상을 합니다. 따라서 긴 수면이 필요합니다. 단시간파는 신경을 혹사하지 않고 판에 박힌 사고방식을 가지고 있습니다. 따라서 짧은 수면이라도 괜찮은 걸까요?

참고로 이런 특징 때문에 롱 슬리퍼에게는 「영원한 학생」이라는 별명이 있다고 합니다.

과연! 처음 만난 사람이 자주 저에게 비밀을 털어놓는 것은 제가 학생과 별다를 바가 없기 때문일까요?

롱 슬리퍼의 대표는 유명한 아인슈타인으로 하루에 10시간 이상입니다.

말 나온 김에 한 시간만 더 잘까~

수면 연구① 설마? 여자도 「아침××」를 한다!

수면 연구②
「잠꼬대」하는 남편

저희 남편(51세)은 취침 후 2~3시간이 지났을 무렵에 자주 잠꼬대를 합니다.

예를 들면 갑자기-아마도 꿈속의 상대에게- '「야마다」가 아니라 「야마토」란 말이야. 정신 차려!' 하고 크고 또렷한 목소리로 질타하기도 합니다. 또, 한밤중에 집 안의 조명을 켜고 문단속을 확인하거나 침실 옆에 있는 화장실이 아니라 일부러 계단을 내려가서 볼일을 보기도 합니다. 그런데 다음날 아침에 본인에게 물어봐도 전혀 기억하고 있지 않아요.

잠꼬대는 신혼 초기부터 가끔 있었는데 그 무렵엔 웃고 넘어갔지만 최근에 와서는 전보다 빈번해져서 이게 정말 큰 병은 아닌지 불안합니다-참고로 남편은 저녁 식사와 함께 소주에 일본차를 섞어서 4~5잔 마시지만 인사불성으로 취하지는 않습니다. 저녁 식사는 7~9시 경에 하고 취침은 11시 경입니다.-

그리고 한술 더 떠서 저희 집 고양이까지 자면서 야옹야옹 울어대거나 발버둥을 쳐서 제가 깜빡 놀랄 때가 많습니다. 설마 저희 집에 악령이 붙은 건 아니겠지요? 여러 가지로 하루하루가 불안

합니다. (45세, 여자)

저는 의사가 아니기 때문에 전적으로 믿지는 말세요.

그 방면의 책을 보자니 남편 분께서는 가벼운 몽유병을 앓고 계시는 것 같습니다.

몽유병이란 밤중에 집 안이나 바깥을 배회하며 옷을 벗거나 나무에 오르거나 음식을 먹거나 목욕까지 시도하지만 결국 본인의 잠자리 혹은 다른 가족의 잠자리로 돌아오는 증상입니다. 수 분에서 30분 정도 계속됩니다.

증세가 나타나는 동안은 눈을 뜨고 있어도 표정은 멍하고 불러도 대답하지 않습니다. 다음날 아침 집안사람들이 그 일에 대해 물어봐도 기억이 안난다고 하지요.

몽유병의 증상은 취침하고 30분에서 3시간 동안 깊은 Non-REM 수면을 따라 나타납니다.

인간을 포함한 포유류와 조류의 수면에는 2종류가 있는데 REM 수면과 Non-REM 수면이라는 것은 모두 알고 계실 겁니다.

 수면 연구② 「잠꼬대」 하는 남편

전자는 오래된 수면 형태로서 주로 몸을 휴식시키는 것이 목적입니다. 뇌는 부분적으로 깨어 있기 때문에 꿈을 꿀 수 있지요.

후자는 포유류, 조류에게 새롭게 탄생한 수면 형태로서 뇌를 휴식시키는 것이 목적입니다. 뇌가 쉬고 있기 때문에 꿈은 꾸지 않습니다.

Non-REM 수면에는 깊은 Non-REM 수면과 얕은 Non-REM 수면이 있는데 잠꼬대를 하는 것은 의외로 깊은 Non-REM 수면을 할 때입니다. 그리고 더 놀라운 사실은 배회하는 것도 바로 이때랍니다. 뇌가 쉬고 있어도 몸은 쉬고 있지 않기 때문입니다. 그러나 아무래도 뇌가 쉬고 있기 때문에 그 일에 대해서는 본인은 전혀 기억하지 못한답니다.

인간의 수면은 먼저 잠들고 약 3시간 동안 깊은 Non-REM 수면이 2회 정도 나타나고 그 뒤로는 주로 얕은 Non-REM 수면 중에 REM 수면이 10여 분~30여 분 정도 끼어드는-전체로 보면 약 90분- 주기가 반복됩니다.

그렇다면 남편 분이 취침 1~2시간 후에 잠꼬대를 하거나 배회하는 것은 아마도 이 깊은 Non-REM 수면 중에 일어난 일로서 몽유병이라고 말해도 틀리지 않겠지요.

하지만 걱정 마세요!

조금 오래된 자료에서는 몽유병 치료가 힘들다고 나와 있지만 요즘은 치료법이 확립되어 있습니다.

벤조디아제핀 계통의 항불안제를 투여하는 것입니다.

신경증이나 불면증 치료도 마찬가지입니다.

이런 종류의 약에는 깊은 Non-REM 수면을 얕은 쪽으로 끌어올리는 작용이 있어서 깊은 Non-REM 수면 시에 일어나는 잠꼬대나 배회를 막는 효과가 있는 것입니다.

그러니까 전문적인 의사에게 되도록이면 빨리 진찰을 받기를 권합니다.

그런데 말씀은 이렇게 드렸지만, 의사에게 진찰받기 전 단계에서 한 가지 시험을 해보시는 건 어떨까요?

제가 마음에 걸리는 점은 남편 분의 음주법입니다.

먼저 소주에 일본차를 섞는 부분입니다.

 수면 연구② 「잠꼬대」 하는 남편

※ 어느 상쾌한 아침의 광경

수면을 부르는 술에 각성 작용이 있는 차를 섞어서 반발시키다니 뭔가 아깝지 않습니까?

그렇게 해서 인사불성이 되는 것은 방지할 수 있지만 기분이 좋아지려고 마시는 술의 양은 그렇지 않은 경우보다 많답니다.

더불어 알콜이 변화해서 생기는 숙취나 거북함의 원인이 되고 독성 물질인 아세트알데히드의 양도 증가시킵니다.

이 아세트알데히드란 물질의 농도는 술을 마시고 5시간 정도

수면 연구② 「잠꼬대」 하는 남편

지났을 무렵에 가장 높아집니다.

즉, 7~9시에 마신 술이 아세트알데히드로 변화하는 절정기는 12시~1시 경. 바로 남편분께서 잠꼬대를 하거나 배회하는 무렵입니다.

남편 분의 음주법에서 두 번째로 마음에 걸렸던 점은 이렇게 잠꼬대, 배회와 아세트알데히드 농도가 가장 높아지는 시기가 일치하도록 드신다는 것이었습니다.

어쩌면 잠꼬대나 배회를 하게 되는 원인에는 아세트알데히드가 한몫 거들고 있을지도 모릅니다.

확신이 있어서 드리는 말씀은 아닙니다만 만약 그렇다면 먼저 음주법을 바꿔보는 것은 어떨까요?

일본차에 섞지 말고 따뜻한 물에 섞는 겁니다-우롱차 등 다른 각성 작용이 있는 음료는 안 됩니다.-

물론 이것으로 술 자체뿐만 아니라 아세트알데히드의 양도 줄어듭니다.

그리고 술을 마시는 시각을 1~2시간 전으로 하거나 그게 무

수면 연구② 「잠꼬대」 하는 남편

리라면 잠들기 전에 마시는 겁니다.

술을 1~2시간 일찍 마시면 아세트알데히드의 절정기가 자기 전에 옵니다. 잠들기 전에 마신다면 절정기가 취침 5~6시간 후에 오기 때문에 취침 직후의 깊은 Non-REM 수면 시기를 피할 수 있어서 잠꼬대나 배회를 피할 수 있을지 모릅니다-그리고 그렇게 마시면 깊은 Non-REM 수면을 할 때 요의를 촉진시키지 않아서 화장실에 가면서 배회하는 행동을 막을 수 있지 않을까요?-

속는 셈치고 한번 해보세요. 좋은 결과를 기대하겠습니다. 하지만 결과가 좋지 않을 경우에는 한시라도 빨리 의사에게 가보세요.

그 댁의 고양이도 수면 상태에 뭔가 이상하군요. 하지만 고양이는 과거에 REM 수면의 발견하게 된 계기를 만드는 업적을 이뤘답니다.

고양이의 수면도 인간과 똑같아서 먼저 Non-REM 수면에 들어갑니다. 몸을 둥글게 말고 근육을 긴장시키고 있지요. 그런

수면 연구② 「잠꼬대」 하는 남편

데 10~30분 정도 지나면 REM 수면에 들어갑니다.

근육의 긴장이 풀리고 전체적으로 축 늘어지는 상태가 됩니다. 배를 드러내고 눕는 등 여러 가지 자는 모습을 보이며 꼬리나 귀나 다리를 흠칫거립니다. REM 수면의 특징인 안구가 빙글빙글 돌아가는 현상도 있습니다. 이렇게 REM 수면이 6~9분 계속되면 다시 Non-REM 수면에 들어가고 그 이후는 똑같습니다.

댁의 고양이가 자면서 발버둥을 치거나 야옹야옹 우는 것은 남편분과 똑같이 깊은 Non-REM 수면일 때일지도 모르겠군요. 고양이도 잠꼬대를 하는 걸까요?

The end.

보툴리누스균으로 쁘띠 성형

아버지가 췌장암으로 9시간에 이르는 수술을 받으셨습니다. 다행히도 수술은 성공적이었고 경과도 양호해서 매우 기뻐하고 있습니다.

그런데 문제는 이때 일어났습니다. 아버지께 유동식이 나왔을 때 어머니가 100% 천연꿀을 가지고 오신 것을 보고 요리학교 교사 자격증이 있는 여동생이 이렇게 말한 것입니다.

"100% 천연꿀에는 보툴리누스균이 들어 있으니까 한 살 미만의 아기나 체력이 아주 약한 사람한테는 주면 안 돼."

저는 아이가 없고 또 꿀을 거의 먹어본 적이 없기 때문에 부끄럽지만 전혀 몰랐습니다.

이 밖에도 뭔가 자연독이 들어 있어서 건강한 사람에게는 좋지만 중병 환자에게는 나쁜 음식이 있다면 나중을 위해서 알려주시면 감사하겠습니다. (43세, 여자)

보툴리누스균이라는 말을 듣고 우리가 먼저 떠올리는 것은 꿀 이외의 식품이 원인이 되는 보툴리누스 중독일 것입니다.

유럽에서는 중세 이래로 소시지 중독으로 알려져 있으며 소시지를 의미하는 라틴어 Botulus를 어원으로 보툴리누스라는 이름이 붙여졌던 것입니다.

보툴리누스균은 만들어내는 독소의 종류에 따라 A형에서 G형까지 7종으로 분류되지만 인간에게 해를 끼치는 것은 그중에 주로 3종류, A형, B형, E형입니다.

이들은 산소를 싫어하는 혐기성 세균이기 때문에 땅속이나 바다, 호수, 연못, 강 등지의 진흙 속에 살고 있습니다. 그러나 흥미롭게도 유럽, 러시아, 북미에서는 A형 균과 B형 균이 중심, 일본에서는 E형 균이 중심입니다. 더구나 A형은 주로 삼림 토양에, B형은 농경 토양에 살고 있으며 E형 균은 해안의 모래 안에 살고 있습니다.

각각의 균이 좋아하는 장소에서도 예상할 수 있듯이 A형 균과 B형 균에 의한 중독은 육류, 유제품, 야채, 과일 등에서 일어나고 E형 균에 의한 경우에는 해산물이 주된 감염원입니다.

 보툴리누스균으로 쁘띠 성형

일본에서는 1951년 홋카이도에서 식초에 절인 생선을 야채, 밥과 함께 발효시킨 「이즈시飯ずし」에 의해 일어난 중독이 보툴리누스균으로 보고된 첫 번째 예입니다. 이 사건은 79년까지 홋카이도에서 47건, 아오모리, 아키타에서 14건씩, 이와테에서 2건, 야마가타, 도쿄, 시가, 미야자키에서 각 1건으로 이어졌습니다.

이와테 이북에서 압도적으로 많은 이유 중 하나는 이즈시가 이 지방들의 전통 먹거리이기 때문입니다만, 또 다른 이유는 E형 보툴리누스균이 살 수 있는 곳이 대체로 북위 38도 이북이기 때문입니다.

마침 옆에 있는 지도에서 조사해 보니 북위 38도선은-공교롭게도 한반도를 남북으로 갈라놓고 있습니다만- 사도가섬을 정중앙에서 가로질러 미야기현 남부의 아부쿠마 강 하구에서 태평양으로 빠지는군요.

참고로 E형 균은 북미에서도 꽤 많이 살고 있는데 알래스카와 5대호 주변입니다.

독성의 세기는 A형, B형, E형순이며 특히 A형이 대단합니다! 청산가리 30여만 배의 위력을 가지고 있으며 지구상에서 최강의 독소라고 불리고 있습니다.

그러고 보니 옛날에 「겨자연근* 사건」이란 것도 있었습니다. 그때 원인이 된 균은 보툴리누스균으로 더구나 A형이었습니다.

1984년 6월부터 7월에 걸쳐, 선물용으로 들어와서 먹은 모 식품회사의 겨자연근(진공포장)이 원인이 되어 보툴리누스 중독이 발생했습니다. 결국 전국에서 11명이 사망했습니다.

원인은 틀림없이 진흙 속에서 자라는 연근이라고 생각했는데 알고 보니 겨자였습니다.

더구나 세균을 증식시키지 않도록 고안된 진공포장이 산소를 싫어하는 보툴리누스균에게 역효과를 냈던 것입니다.

당시의 신문을 조사해 보면 날마다 겨자연근 기사가 계속되면서 한 명 한 명 사망자 수가 늘어갔습니다. 그랬으니 기억에 남는 것도 당연하지요.

보툴리누스 중독의 증세는 독소를 지닌 음식을 먹고 18시간에

 보툴리누스균으로 쁘띠 성형

서 36시간 정도 지났을 때, 먼저 구토감이 느껴지고 토하거나 설사, 복통이 생깁니다. 이윽고 눈이 흐려지고 사물이 이중으로 보이며 목소리가 쉬고 아무것도 삼킬 수 없는 등등의 신경 증세가 나타납니다. 마지막에는 횡격막 신경의 마비에 의한 호흡 곤란이나 연수(숨골) 마비 등에 의해 죽음에 이를 수도 있습니다.

독소의 작용은 신경의 말단에 방출되는 신경전달물질인 아세틸콜린을 분비하지 못하게 되어 신경 임펄스의 전달을 억제합니다. 즉, 신경을 마비시킨다는 뜻입니다. 그렇게 해서 여러 가지 근육을 움직이지 못하게 만드는 것입니다.

여기서 우리가 한 가지 확인해 두어야 할 것은 중독을 일으키는 것은 균 자체가 아니라 균이 만들어내는 독소라는 점입니다. 어른은 보툴리누스균에 대항할 수 있는 장내세포를 가지고 있어서 균 자체의 증식은 억제할 수 있습니다.

그런데 이야기가 너무 삼천포로 흘러갔군요. 먼저 유아 보툴리누스증에 대해서 말씀드리겠습니다.

보툴리누스균으로 쁘띠 성형

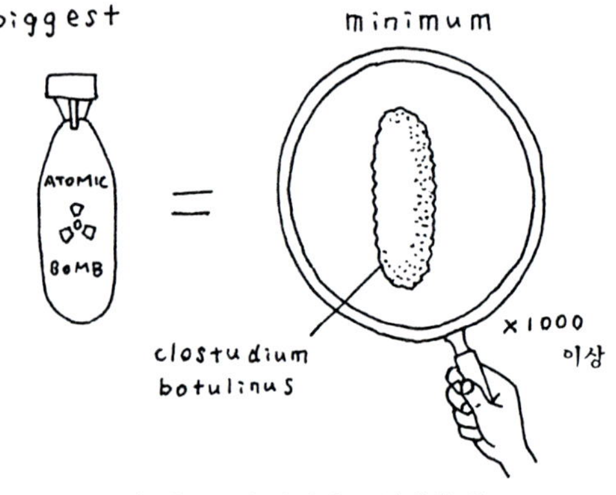

※ 둘 다 지구상에 존재하는 최강의 독

유아 보툴리누스증은-12개월 미만이라는 견해도 있지만- 보통 6개월 미만의 아기가 자연 안에 있는 보툴리누스균-특히 포자에 해당하는 아포-을 섭취했을 때 일어나는 증상입니다. 유아는 보툴리누스균에 대항할 수 있는 장내세포를 아직 가지고 있지 않기 때문에 증식을 억제할 수 없습니다. 따라서 독소도 대량으로 생산된다는 것입니다.

보툴리누스균이 섞여 있을 가능성이 높은 대표적인 음식은 꿀

-미국에서는 시판되는 꿀의 10%에 들어 있으며 콘 시럽도 물론 위험-, 그리고 야채, 과일, 집 먼지, 흙먼지에도 위험성이 있습니다. 유아 보툴리누스증은 현재 여러 가지 의론이 있는 유아 돌연사의 원인 중 하나일지도 모른다고 일컬어지고 있습니다.

중병 환자(성인)의 경우는 설령 보툴리누스균에 대항할 수 있는 장내세포를 가지고 있다고 해도 그것들이 약해져 있거나 수가 감소해 있습니다. 따라서 섭취하지 않는 편이 좋다는 것이겠지요.

유아 보툴리누스증에 의한 사망률은 다행히도 보툴리누스 중독보다 높지 않습니다.

그건 그렇고 보툴리누스균이라고 하면 생각나는 것이 없으신가요? 나카무라 우사기의 팬이시라면 이미 궁금해하고 계실 겁니다.

바로 쁘띠 성형입니다. 메스를 쓰지 않고 주사만으로 행하는 간단한 성형을 말하지요. 몇 개월 안에 원래대로 돌아오는 것도 특징입니다. 이 쁘띠 성형 분야에서 크게 활약하고 있는 것

보툴리누스균으로 쁘띠 성형

이 다름 아닌 보툴리누스균의 독소인 「보톡스」인 것입니다.

보톡스가 주름 제거에 이용되는 원리는 이렇습니다.

주름을 제거하고 싶은 부분에 보톡스를 주사한다. → 독소가 신경을 마비시킨다. → 근육이 움직이지 않게 된다. → 주름이 움직이지 않게 된다.

하지만 웃을 때는 웃음이 어색해지지 않을까요?

우사기도 분명히 말했습니다.

"표정이 없어졌어요."

보톡스는 미간, 이마, 눈꼬리의 주름 제거에 적절하다고 합니다. 눈 밑, 코와 입에 걸쳐서는 보톡스가 아니라 히알론산이라는 원래부터 체내에 있으면서 피부를 부드럽게 만드는 작용을 가진 물질이 적절합니다.

보톡스의 효과가 지속되는 것은 4~6개월 동안입니다. 양심적인 가격은 1회에 몇 군데 주사해서 5만 엔 전후라고 합니다.

다른 자연독에 관한 이야기는 언젠가 꼭 할게요.

죄송합니다.

 | 보툴리누스균으로 쁘띠 성형

* 「프로폴리스[*]」는 괜찮나요? 라는 엽서가 몇 장 왔습니다만, 본문에도 썼듯이 어른이고 몸이 지나치게 약한 분이 아니라면 문제없을 겁니다.

타케우치식 건강법 ① 어느 날 아침, 나는 '카악! 퉤!'와 함께 잠에서 깨어난다

직장에서 그렇고 가정에서도 마찬가지입니다만 남자가 세면대에서 정기적, 습관적으로 소리 내어 가래를 모아서 뱉어내는 행동을 보는 것은 언제나 불쾌합니다. 그러고 보니 저희 남편도, 아버지도 할아버지도 매일 아침 '카악! 퉤!'를 기분 좋게 하셨는데 이건 생리적인 현상이나 욕구인 걸까요?

참고로 저희 집에는 10대와 20대 아들이 두 명 있는데 이와 같은 행동은 하지 않습니다. 나이에도 관련이 있는 것인가요? (48세, 여자)

카악! 퉤!

저도 꼴사납지만 자주 합니다.

이유는 간단하답니다. 그렇게 함으로써 거짓말처럼 감기에 안 걸리게 되기 때문입니다—물론 동시에 손도 씻죠.—

예전의 저는 감기의 여왕이라고 불릴 정도였습니다. 1년에 4~5번은 물론이고 항시 감기를 달고 사는 상태였다는 것이 더 정확한 표현이겠지요.

그런데 '카악! 퉤!'와 함께 잠에서 깨어나면서부터 1년에 고작 1번으로 줄어들었습니다. 최근 3년 동안에는 2000년 1월에 감기를 앓고 있는 사람과 장시간 함께 있어서 걸린 것과 같은 해 말에 제 부주의–실내에서 땀을 흠뻑 흘린 뒤에 찬바람을 맞으면서 걸어 다녔음–로 걸린 것, 2번밖에 없었습니다.

21세기에 들어와서는 아직 한 번도 감기에 걸리지 않았답니다–2003년 10월 현재까지도 기록 갱신 중입니다.–

사람과 접하지 않고 일할 수 있는 환경이 단연코 유리합니다. 그 때문에 이런 결과가 나왔을 거라고 생각하지만 아무튼 '카악! 퉤!'의 위력은 절대적입니다. 사람에게 불쾌감을 주지만 않으면 괜찮다고 생각합니다.

어째서 가래를 뱉으면 좋은 걸까요?

제 나름대로 해석하자면 감기 바이러스나 폐렴의 원인이 되는 박테리아는 목이라는 덫에 걸려서 반죽음 상태가 되어 있습니다–코나 목의 점막에는 박테리아를 죽이는 효소 리조팀 등이 들어있습니다.–

그런데 가래를 삼켜서 만약에 기도로 들어가게 되면 그것들은 다시 되살아나지 않을까요?

참고로 저는 식사할 때 가래를 삼키지 않도록 뱉고 나서 먹습니다.

어쨌든 그래서 가래를 뱉는 것은 극히 생리적인 욕구이자 이치에 맞는 행위입니다. 뱉고 난 후의 기분이 좋은 것도 당연하지요.

그리고 남이 가래를 뱉으면 기분 나쁘게 느껴지는 것도 바로 거기에 병원체가 들어 있기 때문입니다. 우리는 병원체를 피하기 위해서 심리적으로 기분 나쁘게 느끼도록 진화한 것입니다.

젊은 세대가 '카악! 퉤!'를 하지 않는 것은 멋지게 보이려는 거죠. 하면 좋은데 말이에요.

어떤 책에서 흥미로운 기사를 읽었습니다. 기숙사 효과라는 것이 있는데 젊은 여자가 기숙사에서 생활하고 있으면 생리일이 점점 같은 시기가 된다는 이야기였습니다.

저희 집은 아내와 딸 둘인 네 식구입니다만 저희 집에서는 그런 효과를 볼 수 없습니다. 기숙사 효과는 몇 명 정도 있는 집단에서

 타케우치식 건강법 ① 어느 날 아침, 나는 '카악! 퉤!'와 함께 잠에서 깨어난다

나타나는 겁니까? (55세, 남자)

A! 먼저 한 가지 오해를 풀어야겠군요.

그것은 집단에 사람이 몇 명 있다고 볼 수 있는 현상이 아닙니다.

기숙사 효과는 기숙사의 룸메이트나 무슨 일이든 함께하는 친한 여자 친구들 두세 명 사이에서 점점 월경 주기가 동조된다는 이야기입니다.

기숙사처럼 많은 젊은 여자들이 같은 지붕 아래 생활한다고 모두 월경 주기가 같아지는 것은 아닙니다.

또한 룸메이트, 친한 여자 친구들이라고 모두 그렇게 되는 것도 아닙니다.

이 현상을 처음 학문적으로 연구한 것은 미국의 마사 맥클린톡으로 1971년의 일입니다. 여성들이라면 모두 알고 있는 현상을 검증한 것입니다만 여성의 「미신」을 다룬 탓인지, 연구자가 젊은 여성이고 더구나 『네이처』 같은 일류 잡지에 건방지게도 단독

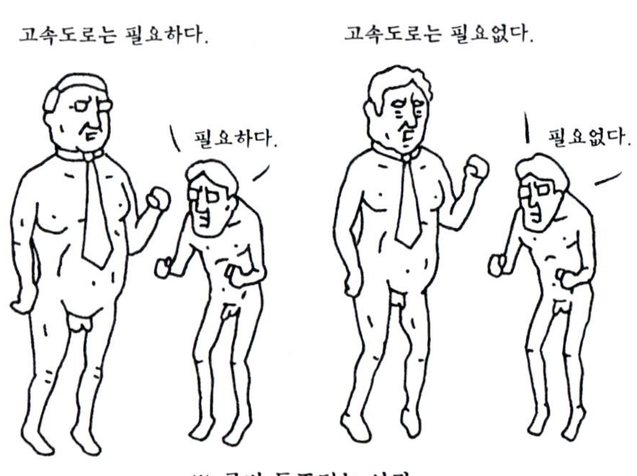

명으로 논문을 발표했기 때문인지, 아니면 이 연구가 인간에게
도 페로몬-한 개체에서 발산되어 다른 개체의 생리적인 상태에
영향을 주는 냄새 물질-이 존재한다는 것을 노골적으로 암시한
획기적인 연구인 탓인지 아무튼 그녀와 그 연구는 오랫동안 공
격의 표적이 되었습니다-물론 지지하는 연구도 다수 나타났습
니다.-

결국 27년이 지난 1998년, 그녀는 캐서린 스탠이라는 여성 연

타케우치식 건강법 ① 어느 날 아침, 나는 '카악! 풰!'와 함께 잠에서 깨어난다

구자와 함께 다음과 같은 연구를 발표하여 오랜 세월의 염원을 풀었습니다-물론 『네이처』에 발표했지요.-

맥클린톡은 여성의 겨드랑이에 코튼패드를 한참 대고 있게 해서 냄새를 모았습니다. 그리고 거기서 추출된 냄새 물질을 다른 여성의 코 밑에 발랐습니다. 그러자 그 여성의 배란 시기가 냄새를 제공한 여성의 배란 시기에 이끌려 가게 되었습니다.

여성들은 서로에게 냄새의 작용을 끼쳐서 상대방의 월경 주기를 자신 쪽으로 끌어들입니다. 그러는 동안에 주기가 동조되는 것입니다.

그렇기 때문에 월경 주기의 동조 현상은 같은 방을 쓰거나 언제나 냄새가 직접 작용을 끼칠 만큼 가까운 범위에 있지 않으면 일어나지 않습니다.

반대로 말하자면 가족이라도 그다지 함께 있지 않는 가족, 같은 방에서 자지 않는 자매는 동조하기 어렵겠지요-질문해 주신 분의 따님들은 각방을 쓰고 있는 건 아닌가요?-

만일 그렇다면 따님들의 경우는 각자 친한 친구들과 동조하고 있을지도 모르겠네요.

아니, 그것보다도 큰 원인은 남자입니다. 따님들의 월경 주기가 일치하지 않는 것에는 남자가 얽혀 있을지도 모릅니다!

실은 맥클린톡이 최근에 하고 있는 또 하나의 연구는 남자에 관해서입니다. 남자의 냄새가 여자의 배란을 촉진시킨다는 것입니다.

그녀는 기숙사 생활을 하고 있는 여학생을 남자 친구와 주 3회 이상씩 만나는 그룹과 전혀 만나지 않거나 주 1~2회에 불과한 그룹으로 나누었습니다. 전자는 31명, 후자는 56명입니다.

그러자 남자와 자주 만나는 그룹의 월경 주기 평균은 28.5일로 나타났습니다. 그에 비해 남자와 별로 만나지 않는 그룹의 경우는 30일이었습니다. 남자 친구와 자주 만나면 월경 주기가 짧아지고 별로 만나지 않으면 길어지는 경향이 있는 것입니다. 배란에서 월경까지의 기간은 사람에 따라 별 차이가 없습니다. 그렇다는 것은 이 두 그룹의 차이가 배란이 빨리 일어나는 차이라는 말이 됩니다.

 타케우치식 건강법 ① 어느 날 아침, 나는 '카악! 퉤!' 와 함께 잠에서 깨어난다 남자 친구와 자주 만나는 그룹에서는 그렇지 않은 그룹에 비해 배란이 빨리 일어났습니다. 그것은 어쩌면 남자의 냄새가 여자의 배란을 촉진한다고 추측할 수 있습니다.

두 따님의 월경 주기가 같지 않다는 것은 한쪽은 남자친구가 있고 다른 쪽은 없다는 뜻이 아닐까요?

저는 술고래는 아니지만 술을 매일 밤 조금씩 즐깁니다.
(일본주로 2~3홉) 지금으로서는 건강 상태에 문제가 없는 것 같지만 슬슬 술을 끊어야 할 것 같습니다. 그렇지 않으면 언젠가 뼈저린 대가가 돌아올까 봐 두려워서요.
뭔가 좋은 금주법이 있으면 가르쳐 주십시오. (53세, 남자)

술은 끊으면 안 됩니다! 다만 양을 줄이세요.
전혀 술을 안 마시는 것보다 조금씩 마시는 것이 건강에 좋다는 것이 의학계의 상식입니다–결코 술꾼의 구실이나 변명이 아니랍니다.–

지금 제 앞에 『알콜 장수법–반주을 권한다–타나카 키요시 저, 공립출판, 국내 미출간–』라는 책이 있습니다만 저자인 타나카는 약리학이 전문인 훌륭한 의학자입니다.

이 책에 따르면 「술은 모든 약 중에 으뜸」이라고 합니다. 예로부터 소량의 술이라면 오히려 건강에 좋다는 것이 경험적으로 알려져 있다고 하는군요. 맨 처음 통계적으로 조사해 본 사람은 미국의 펄 박사로 1926년의 일입니다. 그는 한쪽이 술을 마시고 한쪽은 마시지 않는 형제 94쌍을 발견해서 술을 마시는 쪽이 장수하는 경향이 있다는 사실을 밝혔습니다.

그런데 이 조사는 죽은 뒤에 조사하거나 정보가 본인에게 직접 물어본 것이 아닌 경우도 많아서 정확성이 결여되었습니다. 확신할 수 있는 최초의 연구는 1981년 발표된 M. G. 마못과 연구진의 조사였다고 합니다.

마못과 연구진들은 런던과 그 근교에 사는 40~64세의 공무원 남성을 대상으로 조사했습니다. 질문 항목은 일주일 연속해서 3일간, 즉 월·화·수요일에 어느 정도의 술을 마시는가였습니다－「40~64세」인 이유는 이 정도 나이가 되면 젊은이들처럼 폭음을 하지 않을 거라는 생각에서였습니다. 「공무원」은 생활 패턴이 일정할 것이라는 생각에, 「일·월·화」는 술자리가 많은 주말을 피하기 위해서입니다. －

결국 1,422명에서 답변을 얻었는데 결과는 다음과 같습니다.

전혀 안 마셨다. (금주가禁酒家) : 477명

약간 마셨다. (하루 평균 맥주 큰 병으로 약 0.4병. 소주가
小酒家) : 390명

적당히 마셨다. (0.4~1.5병. 중주가中酒家) : 367명

많이 마셨다. (1.5병 이상. 대주가大酒家) : 188명

그런데 문제는 10년 후였습니다. 이 중에 몇 명이 죽었을까요?
1,422명 중 113명이 죽었고 각 그룹의 사망률은 다음과 같습
니다.

	사망률 (%)
금주가禁酒家	9.4
소주가小酒家	6.1
중주가中酒家	7.9
대주가大酒家	10.6

어떻습니까? 적당한 술은 오히려 몸에 좋다는 사실을 알 수 있
지 않습니까? 아이러니한 것은 전혀 술을 마시지 않는 사람과
술을 많이 마시는 사람의 사망률이—물론 대주가 쪽이 높지만—
별 차이가 없다는 것입니다.

그러나 이 연구에서는 4개 그룹의 연령 분포가 정리되어 있지 않습니다. 그래서 연령에 대해 보정하고 검토해서 고쳐 봤지만 경향은 변하지 않았습니다. 소주가의 사망률이 가장 낮고 중주가가 그 1.1배, 금주가는 1.6배, 대주가는 1.8배였습니다.

그리고 이 연구에서는 흡연 여부에 대해서도 조사했는데 각 그룹을 흡연조와 금연조로 나눴습니다. 그 결과는 다음과 같습니다.

사망률 (%)

[흡연조]

금주가	13.8
소주가	7.1
중주가	7.9
대주가	13.9

[금연조]

금주가	5.2
소주가	3.6
중주가	3.4
대주가	7.1

타케우치식 건강법② 금주가 몸에 가장 나쁘다는 걸 아시나요?

※ 취권에서 볼 수 있는 알코올과 강함

　담배를 피우면 전체적으로 사망률이 증가하고 피우지 않으면 감소했습니다. 그러나 적당한 술은 건강에 좋다는 경향은 여전히 존재했습니다.

　그건 그렇고 담배를 피우는 경우에는 전혀 술을 마시지 않는 사람이 술을 많이 마시는 사람과 거의 차이가 없다니 놀랍지 않습니까?

　아무튼 이런 결과가 나오자 술이 도대체 구체적으로 말해서 어떤 건강 효과를 가져오는지 궁금해졌습니다.

타케우치식 건강법② 금주가 몸에 가장 나쁘다는 걸 아시나요?

마못과 연구진이 사인에 대해 조사하며 알게 된 것은 술을 마시는 사람에게는 심근경색이나 협심증 같은 허혈성 심장 질환이 적다는 것이었습니다.

허혈성 심장 질환에 의한 사망률은 금주가 : 5.8%, 소주가 : 3.3%, 중주가 : 4.0%, 대주가 : 4.1%. 안 마시는 사람이 가장 사망률이 높았습니다.

술의 효능은 허혈성 심장 질환을 막는 것이었습니다! 적어도 허혈성 심장 질환에 걸리고 싶지 않거나 혹은 집안 내력으로 허혈성 심장 질환의 위험이 있는 사람이라면 금주 따윈 내팽개치고 많이 드시라 권하고 싶군요-하지만 술을 못 마시는 사람의 경우에는 안 되겠네요. 죄송합니다.-

술은 허혈성 심장 질환 이외에도 담석 등에 효과가 있다고 합니다.

그런데 마못의 연구를 보고서 아마 저를 포함한 많은 분들이 느끼고 계실 거라 생각합니다.

겨우 그 정도 가지고 중주가나 대주가라고 부르다니!

대주가로 불릴 정도라면 일본주로 적어도 5홉, 위스키라면 반 병, 와인은 두 병, 맥주라면 큰 병으로 5병 정도는 마시지 않으면 자격이 없지 않습니까!

다행히 좀 더 기준을 너그럽게 설정한 연구가 있답니다. 미국의 A. L. 크래키와 연구진의 연구인데 「대주가」는 하루에 맥주 큰 병으로 약 2병 이상으로 되어 있습니다-아직 너무 박해!- 그렇지만 기준을 완화해도 나타난 경향은 마못의 연구와 거의 달라지지 않았습니다.

소주가-마못의 중주가도 포함-의 사망률이 가장 낮았는데 금주가보다 30% 정도 낮았습니다. 중주가-마못의 대주가도 포함-는 금주가와 같은 정도, 그리고 대주가는 금주가나 중주가보다 30% 정도 사망률이 높았던 것입니다.

역시 술은 적당히 드세요. 더구나 그 「적당히」라는 것은 우리가 생각하는 것보다 대단히 적은 양이랍니다.

그런데 잊어버릴 뻔했군요. 어째서 술이 허혈성 심장 질환을 예방하는가?

유력한 설은 술은 혈관에서 콜레스테롤을 제거하는 물질을 증가시키는 작용이 있다는 것입니다.

과연! 그런 거였군요.

질문해 주신 분의 일본주 2~3홉은 마못의 기준으로 충분히 대주가, 크랙키의 기준에서는 경우에 따라 대주가의 분류에 들어갑니다.

이상적인 음주가인 「소주가」는 마못의 기준으로 0.4홉 정도까지, 크랙키의 기준에서는 0.8홉 정도까지입니다.

그런 건 마신 축에도 안 든다고요?

타케우치식 건강법② 금주가 몸에 가장 나쁘다는 걸 아시나요?

Q? 알루미늄캔 음료는 치매의 원인입니까? 보건소에서 들었는데 알루미늄캔 음료를 계속 마시면 알츠하이머성 치매에 걸린다고 해서 깜짝 놀랐습니다.

의학서를 보니까 치매의 원인 중 하나에 알루미늄 등의 미량 원소가 있다고 분명히 표기되어 있었습니다. 저는 하루 한 캔(350 *ml*)의 발포주를 마시는 것을 낙으로 삼고 있는데 괜찮을까요? (61세, 남자)

A! 백화점 지하 식품매장을 사랑하는 제가 특히 좋아하는 음식 중에 이탈리아 밀라노의 오래된 레스토랑 P의 밀라노풍 치킨 커틀렛이라는 것이 있습니다. 뭐가 밀라노풍인지는 모르겠지만 어쨌든 고기가 얇아요. 튀김옷도 아주 얇습니다. 레몬즙을 뿌려서 먹는 것이 정석인 모양입니다.

그런데 너무 신경 쓰이는 점이 있었습니다. 아아, 곁들여진 레몬 조각이 알루미늄 호일에 싸여 있는 거예요! 여러분, 학교 다닐 때 배우지 않았습니까? 알루미늄은 철이나 니켈보다도 이온화 경향이 커서 산에 녹기 쉽다고요.

레몬에는 구연산이 들어 있어서 알루미늄이 녹아 있을지도 모릅니다-요즘은 알루미늄 접시 위에 놓여 있는 모양입니다.-

그리고 이런 이야기도 있습니다.

「최후의 쇼군」토쿠가와 요시노부는 젊어서 은거한 이후에 많은 취미를 가진 걸로 알려져 있지만 그중 하나가 직접 밥을 짓는 것이었습니다. 그것도 반합을 사용해서 지었답니다.

어느 날, 누가 당시로서는 새로 등장한 금속인 알루미늄으로 반합을 만들면 어떻겠냐고 제안했습니다. 그러나 요시노부는 알루미늄은 인체에 안전한지 아직 알 수 없다며 은으로 만들었습니다! 은이라면 예로부터 식기로서 사용되어서 안전하겠지요.

그런데 질문해 주신 분이 걱정하고 계신 알루미늄캔의 경우는 어떨까요? 어떤 의학서에 쓰여 있었는지는 모르겠지만 전혀 걱정할 필요 없다는 것부터 캔 내부의 코팅이 벗겨지면 문제가 있다는 것까지 의견이 분분합니다-글쎄요. 저로서는 뭐라고 말하기 힘들군요.-

'알루미늄 때문에 알츠하이머에 걸린다'는 진실인가?

그럼 알루미늄 밥솥은 어떨까요? 토마토나 식초 같은 산성이 강한 식품에 사용하지 말 것, 수세미로 박박 닦지 말 것-알루 밀라이트 가공이 벗겨진답니다-, 오렌지나 파인애플 등의 쥬 스를 알루미늄 용기에 장시간 담아두지 말라고들 합니다-이것 도 저 개인으로서는 판단을 내리기 힘듭니다.-

그러나 놀랍게도 연구자들이 입을 모아 경종을 울리는 것은 물. 바로 수돗물입니다.

수돗물을 만들 때는 흙과 같은.미립자를 응집시켜서 침전시키 기 위해서 폴리염화알루미늄과 유산알루미늄을 사용합니다.

그러나 이들 알루미늄도 흙 알갱이와 함께 침전한다고 하지만 그래도 아직 위험하다는 견해도 있습니다.

1980년대 후반에 영국의 88개 지역에서 수돗물 중의 알루미 늄 농도와 알츠하이머성 치매 발생률과의 관계를 알아보는 조 사가 이루어졌습니다.

그러자 알루미늄 농도가 1ℓ당 0.1mg 이상인 지역에서는 0.0mg 이하인 지역보다 알츠하이머성 치매의 발병률이 1.5배 높았습

니다-같은 연구자들에 의한 97년 재조사에서는 상관 관계가 나오지 않았습니다.-

1996년에는 캐나다에서 알츠하이머성 치매로 진단되어 사망한 사람의 뇌를 해부해서 확실히 알츠하이머성 치매인지 확인하는 방법으로 조사했습니다. 그러자 역시 알루미늄 농도가 1ℓ 당 0.1mg 이상의 지역에서는 0.1mg 이하의 지역보다 발병률이 2.3배 높았습니다.

결국 이러한 연구 12건 중 10건에서 수돗물의 알루미늄 농도와 알츠하이머성 치매 질환 사이에서 상관 관계가 발견되었습니다.

참고로 세계보건기관(WHO)이 정한 기준도는 1ℓ 당 0.2mg 이하입니다. 일본은 이 수치에 따르고 있지요.

그러면 흔히 말하는 미네랄워터는 어떨까요?

적어도 제가 이해하고 있는 미네랄워터는 살균도 정화도 일절 가하지 않은 것입니다. 실제로 제가 즐겨 마시는 「볼빅」의 라벨에도 '특별한 지층에서 천천히 여과된 볼빅은 EU의 엄중한 기준으로 일절 바깥공기에 닿지 않고 채수해서 병에 담습니다.

'알루미늄 때문에 알츠하이머에 걸린다' 는 진실인가?

살(제)균 등의 가공은 하지 않았습니다' 라고 쓰여 있습니다.

일반적으로 자연수에서는 알루미늄이 1ℓ 중 0.01㎎도 넘지 않습니다. 그렇다면 미네랄워터는 문제없다는 말이 되겠지요-다만 놀라운 사실은 일본에서는 여과나 침전, 혹은 가열에 따른 살균이 의무적으로 수반되어서 그것이 역으로 원래 수질 정도가 낮다고 말해주는 것처럼 보입니다.-

그렇다면 알루미늄과 알츠하이머성 치매 질환에 만약 관계가 있다면 어디가 어떻게 관계되어 있을까요-알츠하이머성 치매 질환의 원인에는 여러 가지 인자를 생각할 수 있습니다.-

이런 연구가 있습니다. 유전성 알츠하이머에는 대체로 4가지 유형이 있는데 적어도 그중 하나는 알루미늄이 관련되어 있다는 것입니다.

그 연구에 따르면 원인이 되는 유전자는 제21염색체(보통 염색체)에 있었습니다.

β-아밀로이드 전구 단백질(APP)의 유전자입니다.

APP의 일부인 β-아밀로이드 단백질을 연결하고 있는 영역의

 '알루미늄 때문에 알츠하이머에 걸린다' 는 진실인가?

Aluminium atomic number: 13
mass: 26.98
=
Alzheimer's

transFerrin
=
Iron
atomic number: 26
mass: 55.85

※ 문자로 알아보는 알츠하이머성 치매 질환과 알루미늄, 트랜스페린과 철의 관계

아주 가까운 곳에서 돌연변이가 일어나서 생산되는 아미노산의 위치가 하나 바뀌게 됩니다. 그것만으로 이상이 일어나는 것입니다.

먼저 APP에서 그 일부인 β-아밀로이드 단백질이 떨어져 나갑니다. 그저 β-아밀로이드 단백질이 하나만 부유하고 있는 동안에는 괜찮습니다. 2개가 결합해서 2중체, 그것들이 또 결합해서 4중체, 그 위에 더 결합하게 되면 위험해집니다. 이것이 신경독의

'알루미늄 때문에 알츠하이머에 걸린다'는 진실인가?

작용을 지녀서 신경 세포를 죽음에 이르게 합니다. 그리고 알루미늄은 단독 β-아밀로이드 단백질끼리 결합시켜서 다중체로 변화시킨다는 것입니다. 이것이 알루미늄과 유전성 알츠하이머 사이에 인과 관계가 있다는 이론의 개요입니다-물론 이에 대한 반론도 있는 것 같습니다.-

다만 유전성 알츠하이머는 극히 희박해서 대부분 그 사람에게 우연 발생하는 유형입니다. 그러니 이 연구가 옳다고 한다면 대부분의 알츠하이머 발생 원리의 실마리가 될지도 모릅니다.

만일 알루미늄으로 인한 피해가 있다고 한다면 어떻게 대처해야 좋을까요? 먼저 수돗물을 마시지 않는 등 알루미늄 자체를 몸속에 들이지 않도록 합시다.

그리고 또 하나는 이미 몸 안에 들어와 버린 알루미늄이 해를 끼치지 않도록 하는 것입니다. 그 한 가지 방법이 철분제 섭취랍니다.

어떤 연구에 따르면 알루미늄은 칠 수용 단백질인 트랜스페린에 철 대신 결합하여 뇌 안에 들어간다는 결론을 내리고 있습니다-이것도 논쟁이 있는 것 같습니다.- 이 연구가 옳다고 한다면 철분을 많이 섭취해서 알루미늄보다 선수를 쳐서 결합하는 겁니다.

역시 냄비는 철 냄비가 좋겠죠?

『해변의 카프카』와 혈우병

무라카미 하루키의 소설 『해변의 카프카』에는 오시마라는 인물이 나옵니다. 이 사람은 「간단히 말하자면 일종의 혈우병」에 '유전자 때문에 혈액이 응고되지 않는다', '혈우병에는 여러 가지 종류가 있는데 내 경우는 비교적 드문 타입이야'라고 자기 입으로 말합니다.

오시마는 사실 성동일성 장애자로 「생물학적으로 말해도 틀림없는 여성」, '그러나 신체 구조는 여성이지만 내 의식은 완전히 남성입니다'라는 부분이 나오지요. 저는 예전에 혈우병은 남성밖에 발생하지 않는 병이라고 책에서 읽은 적이 있는데 『해변의 카프카』의 오시마 같은 경우는 실제로 일어날 수 없는 걸까요?

참고로 그녀(그?)에겐 스포츠맨인 형이 있는데 그 사람은 혈우병이 아닌 듯합니다. 이점은 모순이 없습니까? (56세, 남자)

'혈우병은 남자밖에 발병하지 않는다.'

정확히는 여자에게도 발병하지만 그 사례가 너무나도 드뭅니다. 그래서 혈우병은 흡사 여자에게는 발병하지 않는 병처럼 여겨지고 있습니다.

혈우병에는 A형과 B형이 있는데 혈액응고인자인 제8인자의 활성이 상실된 것이 A형, 제9인자의 활성이 상실된 것이 B형입니다-양쪽 인자의 활성이 모두 상실된 AB형이라는 것도 있습니다.-

A형이 전체 85% 정도, B형이 15% 정도, AB형이 1% 미만으로 '내 경우는 비교적 드문 타입'이라는 오시마의 경우는 B형으로 봐도 되겠지요.

A형과 B형의 원인이 되는 유전자-정확히는 그들 혈액응고인자를 만드는 유전자가 일부 변형된 상태의 것-는 성염색체 X의 위에 있으며 그것도 열성입니다. 따라서 양쪽의 유전 형식은 완전히 똑같습니다-색맹으로 불리는 색각이상도 같은 형식으로 유전합니다.-

남자는 성염색체가 XY 상태에 있지만 만약 그 X에 혈우병의 원인이 되는 유전자가 실리게 되면 증세가 나타납니다.

여자는 성염색체가 XX 상태에 있지만 X의 한쪽에만 혈우병 유전자가 실린다면 증세가 나타나지 않습니다. 혈우병 유전자가 실리지 않은 쪽 X가 활성이 상실된 혈액응고인자밖에 못 만드는 다른 하나의 X의 결함을 보충하기 때문입니다―이것이 열성이라는 이유입니다. 남자의 경우에는 혈우병 유전자가 실려 있는 X의 결함을 보충할 다른 하나의 X가 없기 때문에 증세가 확실하게 나타나는 것입니다.―

 어쨌든 여자에게 혈우병이 발병했다면 양쪽 X 모두 같은 형태의 혈우병 유전자가 실려 있는 경우가 되겠습니다. 이런 경우는 당연히 드물지요.

 더구나 여자는 2개의 X 중 하나를 아버지에게서 물려받기 때문에 여자인데 혈우병인 경우에는 그 사람의 친부가 반드시 혈우병입니다.

 그리고 그 여자의 다른 한쪽 X는 어머니에게서 물려받은 것이기 때문에 어머니는 **한쪽** X 위에 아버지와 같은 형태의 혈우병 유전자가 실려 있는 것입니다. 한쪽이라는 것은 일단 양쪽 X에 실려 있는 일이 있을 수 없기 때문입니다. 그리고 만약 그

 『해변의 카프카』와 혈우병

렇다고 하더라도 아이를 낳기가 어렵기 때문이지요.-

그렇다면 이 경우에는 어머니의 혈연 가족인 남자 중에 혈우병 환자가 잔뜩 있을 것입니다-왜냐하면 남자는 혈우병 유전자가 실린 X를 가지고 있기만 해도 증세가 나타납니다.-

하지만 부모의 생식 세포에 돌연변이가 일어나는 경우와 같이 「돌연변이」가 관련되면 이야기는 전혀 달라집니다.

그런데 유전적으로 여성이기 때문에 XX염색체를 가진 오시마는 여성이면서 혈우병, 그것도 B형이기 때문에 엄청나게 드문 케이스겠지요.

더 나아가서는 애당초 오시마의 양친이 대단히 드문 조합일 뿐만 아니라 그들이 어떤 단호한 선택을 한 결과라고 말할 수 있겠습니다.

오시마의 아버지는 당연히 B형 혈우병을 앓고 있습니다. B형 혈우병의 발생률은 남자가 10만 명에 1명 정도입니다.

오시마의 어머니도 한쪽 X 위에 B형 혈우병 유전자가 실려 있어서 자신의 남자 혈연 가족 중에 B형 혈우병 환자가 많이 있을

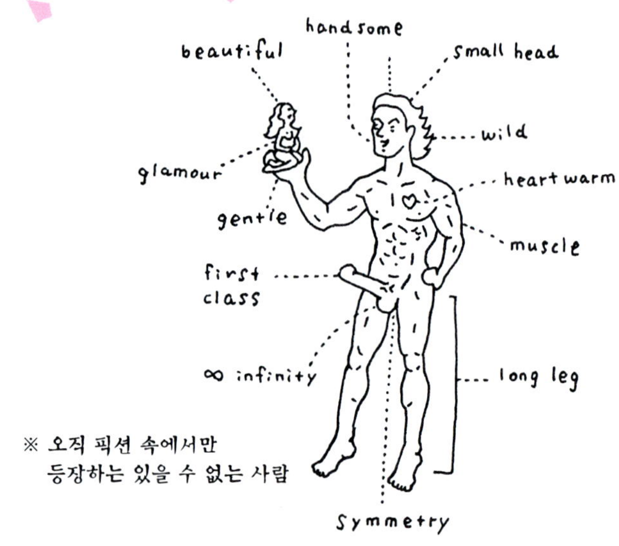

것입니다.

즉, 오시마의 부모님은 그런 사정을 잘 알면서도 굳이 결혼을 하고 아이까지 만들었다는 말이 됩니다.

제가 책을 읽지 않아서 모르겠습니다만 일찍이 부모님의 결혼에 대해 주변의 반대나 본인들의 갈등이 있지 않았을까요?

제가 대충 어림짐작으로 계산하자면 「오시마」는 일본에 한 명 있을까 말까… 아니, 아마도 없을 거라고 생각합니다. 오시마의 형님이 스포츠맨이라는 점에는 모순이 없습니다-스포츠는 언제나 상처를 동반하기 때문에 혈우병이 아니겠지요.-

그는 아버지에게서 성염색체 Y를 물려받았습니다. 어머니에게서는 X를 물려받았으나 어머니의 B형 혈우병 유전자를 받게 될 확률은 1/2. 그는 물려받지 않은 쪽 1/2에 들어가는 것입니다.

그리고 말씀하신 성동일성 장애.

생물학적으로는 아무런 이상도 없지만 그 생물학적인 성별에 대단한 혐오감을 가지고 오직 다른 쪽의 성이 되기를 원하기 때문에 동성애나 단순한 의상도착과는 다릅니다-다만 이 장애가 발생하기 전에 동성애나 단순한 의상도착을 경험한 경우도 있습니다.- 성전환 수술이나 호르몬 요법을 받기를 원해서 실행하기도 합니다. 미국에서는 남자 10만 명에 1명, 여자 40만 명에 1명이라 일컬어지고 있으나 일본의 실태는 아직 알려져 있지 않습니다.

그렇다면 여성에 B형 혈우병, 그것도 성동일성 장애라는 오시마는 일단 확률적으로는 지구상에 존재하지 않는 사람이라고 말할 수 있겠습니다. 무라카미 하루키는 그런 있을 수 없는 사람을 있을 수 없다는 점을 중요하게 여겨서 등장시킨 것일까요? 이 설정에 어떤 의미가 있는 것인지? 저는 아직 안 읽어서 모르겠네요.-죄송해요!-

그건 그렇고 혈우병 유전자가 실려 있는 것은 A형의 경우에는 성염색체 X의 장완에서 가장 끝에 있는 q28이라는 영역, B형의 경우는 바로 곁에 있는 q27이라는 영역입니다.

이 A형이 실려 있는 q28이라는 곳이 굉장한 곳입니다.

일단 아는 것만도 20가지 이상의 유전자가 존재합니다.

색각이상 (3종류)

남성동성애

조울증(양극성 장애)

글루코스6인산 탈수소효소-이 효소가 잘 만들어지지 않으면 용혈성 빈혈이나 잠두에 대한 중독 증세를 일으킵니다. 꽃가루만 맡아도 위험합니다. 추격자에게 쫓기던 피타고라스가 잠두

밭을 벗어나지 못하고 붙잡혀서 죽은 것은 바로 이 효소에 문제가 있었다고 하기도 합니다. - … 등등.

염색체는 유전자가 세대에서 세대로 넘어가는 시간 여행을 할 때 이용하는 운송 수단의 하나입니다. 그 염색체 X 위에, 말하자면 q28번지에 실려 있는 유전자들은 대부분 계속 이웃입니다.

이 구성원들을 볼 때 뭔가 유전자의 음모가 느껴지지 않습니까?

『해변의 카프카』와 혈우병

*색인(번역자의 참조 사항입니다.)